Bilgri/Singh
Agiles Arbeiten – agile Führung

Agiles Arbeiten – agile Führung

Wo bleibt der Mensch bei Agilität? Impulse aus der benediktinischen Regel

von

Anselm Bilgri

und

Maurizio Singh

Verlag Franz Vahlen München

ISBN Print: 978 3 8006 6469 6
ISBN ePDF: 978-3-8006-6470 2
ISBN ePUB: 978-3-8006-6471 9

© 2022 Verlag Franz Vahlen GmbH
Wilhelmstr. 9, 80801 München
Satz: Fotosatz Buck
Zweikirchener Str. 7, 84036 Kumhausen
Druck und Bindung: Beltz Grafische Betriebe GmbH
Am Fliegerhorst 8, 99947 Bad Langensalza
Umschlaggestaltung: Ralph Zimmermann – Bureau Parapluie
Bildnachweise: © myronstandret, © S_Kohl
(beide depositphotos.com)

vahlen.de/nachhaltig

Gedruckt auf säurefreiem, alterungsbeständigem Papier
(hergestellt aus chlorfrei gebleichtem Zellstoff)

VORWORT

Die Idee zu dieser Publikation entstand während langer Kaminge-spräche im November 2019 in der Wohnung von Anselm im Herzen von München. Unser Dialog hatte bereits vor einigen Jahren begonnen, als ich noch als Doktorand an der WHU-Otto Beisheim School of Manage-ment die Hochschulgruppe „Werte in der Wirtschaft" mitgegründet hatte. Damals beschäftigten sich einige Studenten und Doktoranden mit den Themen „Was bedeutet Verantwortung? Was bedeutet wer-teorientiertes Wirtschaften?" Es war eine sehr spannende Zeit, da wir alle fast nur das Universitätsleben und die akademische Laufbahn kannten und – bis auf einige Praktikumserfahrungen – keinen blassen Schimmer vom Arbeitsalltag in Unternehmen hatten. Wir merkten aber, dass in der Wirtschaft etwas schief läuft und dass der Umgang zwischen Mitarbeitern und Führungskräften immer wieder aus dem Lot kippt. Damals hatten wir eine Abendveranstaltung in der großen Kapelle der WHU in Vallendar veranstaltet, zu der wir Anselm als Speaker und Diskussionspartner eingeladen hatten.

Es war ein faszinierender Abend, bei dem viele Parallelen zwischen der Arbeit in Unternehmen und den Herausforderungen in einem Kloster aufgezeigt wurden. Damals hatte Anselm erst vor kurzem das Kloster verlassen und somit konnte er aus eigener Anschauung auch davon berichten, wie Veränderungsfeindlichkeit zu großen Barrieren führen kann, bis hin zu Feindschaften in Umgebungen, in denen man derartige Konflikte nicht vermuten würde.

Klöster kann man als eine besondere Form von Organisationen be-zeichnen, welche besonders bestandssicher ist. Auf der Grundlage jahrzehnte- oder jahrhundertealter Regeln strukturieren sie das Zu-sammenleben. Diese Organisationen handeln auch nach außen auf Basis der niedergeschriebenen Regeln. Damit meinen wir nicht nur das Brauen von Bier und das Lizensieren des eigenen Namens für Biermarken wie Franziskaner, Augustiner, Paulaner etc., sondern das Engagement in Kunst, Kultur, Bildung und Pflege. In diesem Sinne sprechen wir von Sozialunternehmen.

Aber die Frage, die mich immer bewegt hat, war, warum solche Or-ganisationen so widerstandsfähig und erfolgreich sind. Sie mussten sich im Laufe der Jahrhunderte kontinuierlich verändern und an neue Gegebenheiten anpassen. Es scheint, als ob die Ordensregel sowohl die Kontinuität als auch die Möglichkeit der Anpassung ermöglicht. Dies ist das, was Agilität auch ausmacht, Traditionen, die sich bewährt haben, beizubehalten und solche, die nicht sinnvoll oder hinderlich sind, zu lösen oder zu ersetzen.

Die Klöster haben es also verstanden, ihre Regel in die Sprache der Zeit zu übersetzen, sich immer wieder den aktuellen Umwelteinflüssen anzupassen und auch sich zu reformieren. Das bedeutet Agilität nach unserem Verständnis: Verankert in den Werten und Wurzeln von Leitplanken (hier die Regel) eine Anpassungsfähigkeit an sich wandelnde Gegebenheiten zu entwickeln.

Selbst der bekannte Leitsatz der Benediktiner „ora et labora" ist nicht statisch geblieben. Er hat sich auch verändert, beispielsweise mit der Reformationsbewegung der Zisterzienser, die noch ein „lege" hinzugefügt haben „ora et labora et lege". Darunter versteht man die Weiterentwicklung des Ich, die Lektüre – neben dem Gebet und der körperlichen Arbeit – um den geistigen Hunger zu stillen.

Die ist der Schlüssel zum Verständnis von Agilität. Selbsterkenntnisse und geistige Reife. Die Instrumente, Beispiele, wie auch die Ideen, die in diesem Buch beschrieben sind, sollen eine funktionierende agile Zusammenarbeit ermöglichen.

Wir wünschen, dass diese Publikation den alltäglichen Umgang mit Agilität erleichtert. Dem agilen Chaos, welches oft entstehen kann, soll diese Publikation eine gewisse Struktur geben.

Viel Spaß beim Lesen.

Wer führen will, muss aufrecht gehen.

Im Februar 2022

Anselm Bilgri
Maurizio Singh

INHALT

EINLEITUNG

Benediktinische Idee und benediktinisches Leben verstehen

1 | DIE BENEDIKTSREGEL UND DIE MODERNE WIRTSCHAFTSWELT

Was hat eine fast 1500 Jahre alte Ordensregel mit der heutigen Wirtschaftswelt zu tun? Da scheinen doch buchstäblich Welten dazwischen zu liegen. Vor 1500 Jahren gab es weder die Elektrifizierung noch die Mobilität, beides Errungenschaften des technischen Fortschritts, die unser Leben prägen und nicht mehr wegzudenken sind. Damit bekommt die Benediktsregel das Etikett alt im Sinne von veraltet, überholt, noch älter als die Dampfmaschinenzeit. Noch dazu regelt sie das Leben in einem Kloster, einer Anderswelt für den heutigen säkularen westlichen, um mit Jürgen Habermas zu sprechen „religiös weitgehend unmusikalischen" Teil der Menschheit. „Ut in omnibus glorificetur deus" (Damit in allem Gott verherrlicht werde). Mit diesem Satz endet das 57. Kapitel der Regel, in dem es unter anderem um die maßvolle Preisgestaltung für die klösterlichen Produkte auf dem freien Markt geht. Eine größere Kluft zwischen den Motiven des Wirtschaftens scheint nicht mehr möglich zu sein: Verherrlichung Gottes auf der einen, Gewinnmaximierung auf der anderen! Was also anfangen mit dieser Regel?

Nun, tatsächlich – so sagen es die Wirtschaftshistoriker – steht die Benediktsregel am Anfang der westlichen, europäisch geprägten – verwenden wir das alte Wort – „abendländischen" Erfolgsgeschichte. Das beleuchtet die Zusammenfassung der Benediktsregel: ora et labora – bete und arbeite. Sie trat ihren Siegeslauf an zu der Zeit, als sich die Völker und Nationen Europas im Zuge der großen Wanderungsbewegung zu den Positionen begeben hatten, wie sie weitgehend noch heute unser Staatengefüge widerspiegeln. Jedes Kloster war und ist ein spirituelles und kulturelles Zentrum und zugleich ein Wirtschaftsbetrieb. Der Mehrwert der Arbeit bleibt durch den tatsächlich gelebten Kommunismus der Mönche in der Gemeinschaft und führt im Lauf der Jahrhunderte zu Wachstum und Größe. Man sehe sich nur die seit ihrer Gründung im Mittelalter z. T. ununterbrochen existierenden

Stifte in Österreich an, wie etwa Admont, Melk und Göttweig. Genau diese lange Zeit, die offensichtlich auch eine Stärke des Systems Kloster darstellt, ist ein Hinweis auf die Bedeutung der Benediktsregel. Sie ist im 6. Jahrhundert verfasst worden und heute noch lebbar. Weil der Mensch im Mittelpunkt ihrer Betrachtungen steht, zwischen dem Ideal des „Freiseins für Gott" (vacare deo) und dem Leben und Arbeiten in einer Gemeinschaft.

In diesem Buch geht es um Agilität in Zeiten schnellen Wandels, beschleunigt durch die gerade erst Fahrt aufnehmende Digitalisierung aller Arbeits- und Lebensbereiche. Kann eine Ordensregel, die rein vom Gefühl her für den langen Atem der Geschichte, damit für Langsamkeit und Dauerhaftigkeit, kurz für Beständigkeit steht, dabei helfen, diesen Wandel zu gestalten? Wir glauben, ja, das kann sie. Denn ohne die nötige Anpassungsfähigkeit und Biegsamkeit hätte die Benediktsregel, hätten die nach ihren Prinzipien geführten Klöster nicht überleben können. Wenn sie schon unsere moderne Einstellung zu Arbeit und Wirtschaften geprägt hat, dann kann sie auch Hilfe, Impulsgeberin und Korrektiv für unsere oft so ruhelose und hyperaktive Art des Lebens und Arbeitens sein.

2 | DAS LEBEN BENEDIKTS

Vom Leben Benedikts von Nursia wissen wir nur aus der Vita, die Papst Gregor der Große (590–604) im zweiten Buch seiner 'Dialoge über die Wunder der Italischen Väter' vorlegt. Eine Vita ist keine Biografie im modernen Sinn, die versucht, das Leben eines Menschen darzustellen „wie es war". Die Vita hat die Absicht, die Wirkung des als heilig verehrten Mannes Gottes zu erklären und seine Bedeutung durch Wunder, die ihre Vorbilder in der Bibel haben, zu unterstreichen.

Gregor der Große hat seine Dialoge in vier Bücher unterteilt, in denen er die Lebensgeschichten von Mönchen und Einsiedlern erzählt, um seiner eigenen Sehnsucht nach dem klösterlichen Leben, das er wegen des Papstamts aufgeben musste, Ausdruck zu verleihen. Er gibt seinem Buch die überlieferte Form eines Dialogs, eines Zwiegesprächs zwischen sich und seinem Sekretär, einem Diakon namens Petrus, der eigentlich nur als Stichwortgeber fungiert. Das erste und dritte Buch berichten kurze Begebenheiten aus dem Leben einer Vielzahl Italischer Heiliger, das vierte Buch will mit einer Sammlung von Jenseitsvisionen und Erscheinungen Verstorbener den Glauben an das Leben nach dem Tod bekräftigen. Das zweite Buch nimmt eine besondere Stellung ein, es bildet die Mitte des gesamten Werkes und ist nur einer einzigen Gestalt gewidmet: Benedikt von Nursia. Da diese Lebensbeschreibung durch Papst Gregor neben seiner Klosterregel die einzige Quelle zu Benedikt darstellt, wurden in neuerer Zeit verschiedentlich Zweifel laut, ob denn Benedikt überhaupt eine historische Person oder nur eine erfundene Idealgestalt eines Mönchsvaters sei. Innerhalb des Benediktinerordens gilt diese These als widerlegt.

Benedikt soll um das Jahr 480 in Nursia, dem heutigen Norcia im Umbrischen Apennin das Licht der Welt erblickt haben. Seine Eltern, deren Namen nicht überliefert sind, werden der Familie der Anicier zugerechnet. Im 4. Jahrhundert n. Chr. hatte die Familie durch die Christianisierung des Imperiums an Einfluss gewonnen, da sie zu den ersten großen Geschlechtern zählte, die zum neuen Glauben übertraten. Der lateinische Name Benedictus heißt auf Deutsch „der Gesegnete" und übrigens auf Arabisch: „Mohammed". Zu Ausbildung und Studium wurde der junge Mann nach Rom geschickt. Abgeschreckt durch die lockeren Sitten der Hauptstadt zog sich Benedikt, den Gregor mit der „Herzensbildung eines erfahrenen Alten" (cor senile) ausstattet, in die Einsamkeit der Berge beim heutigen Affile zurück. Anschließend siedelte er über in eine Höhle bei Subiaco, 75 km östlich von Rom, wo er drei Jahre als Einsiedler, nur gelegentlich betreut von einem Priester namens Romanus, lebte. Heute steht über der Höhle (Sacro Speco) das Kloster San Benedetto. Der Ruf seines beispielhaften Lebens verbreitete sich. Bald wurde er gebeten, das nahe gelegene Kloster in Vicovaro als Abt zu leiten. Nach anfänglichem Zögern übernahm er das Amt. Er versuchte das Leben im Kloster zu reformieren, stieß dabei auf wachsenden Widerstand der Mönche, die schließlich versuchten, ihren unbequem gewordenen Oberen mit vergiftetem Wein umzubringen. Benedikt segnete nach klösterlichem Brauch das Weinglas mit dem Kreuzzeichen, das daraufhin zerbrach. Ein zerbrochenes Glas, aus dem sich ein grüner Wurm, Symbol für das Gift, ringelt, ist heute noch eines der Attribute des Heiligen.

Daraufhin verließ er den Konvent von Vicovaro, kehrte in die Nähe von Subiaco zurück, wo er ein erstes eigenes Kloster mit zwölf Filialen gründete. Aus dieser Zeit werden mehrere Wunder berichtet, die der Heilige gewirkt haben soll. Er lässt Wasser aus dem Felsen sprudeln, der junge Mönch Maurus vermag aus Gehorsam gegenüber Benedikt über das Wasser eines Sees zu gehen, um seinen Mitbruder Placidus vor dem Ertrinken zu retten. Wieder verbreitete sich der Ruf Benedikts. Neid und Eifersucht eines benachbarten Priesters bewogen diesen, Benedikt mit einem vergifteten Brot töten zu wollen. Der Heilige befahl einem zahmen Raben, das Brotstück zu entfernen, was dieser auch tat. Seither zählt auch der Rabe zu den Attributen Benedikts.

Diese letzte Anfeindung veranlasste den Heiligen, sich mit einigen Gefährten nach Süden zu begeben, um dort am Abhang eines Hügels bei Casinum, 80 km von Rom entfernt, ein Kloster zu gründen, für das er seine berühmte „Regula monasteriorum" (Klosterregel) verfasste. Traditionellerweise wird die Gründung von Montecassino in das Jahr 529 gelegt. Im gleichen Jahr schließt Justinian I., der Kaiser des verbliebenen oströmischen Reiches in Athen die Platonische Akademie, die älteste und langlebigste Philosophenschule der Antike. Sie war von Platon 387 v. Chr. gegründet worden und galt als Elite-Universität des Mittelmeerraumes. Auch nach der Christianisierung des römischen Reiches war sie ein Hort der klassischen Gelehrsamkeit der antiken Welt. Deshalb wird mit diesem Ereignis oft das Ende der heidnischen Antike und mit der Gründung von Montecassino der Beginn des christlichen Mittelalters verbunden. Zumal Benedikt auf dem Bergrücken ein uraltes Apolloheiligtum vorfindet, zerstört und dort je ein Oratorium zu Ehren des heiligen Martin von Tours und des heiligen Johannes des Täufers errichtet. Beide sind seit langem Vorbilder der Mönche.

Gregor berichtet nun viel Wunderliches und Wunderbares aus der Gründungszeit des Klosters. Die heidnischen Gottheiten wehren sich gegen die christliche Umwidmung: Ein Stein, der den Bauarbeiten im Wege liegt, ist nicht zu bewegen. Erst ein Segenswort Benedikts macht dies möglich. In der Küche brennt es, eine Mauer stürzt ein und zerschmettert die Gebeine eines jungen Mönches. Durch sein Gebet gelingt es Benedikt, diesen zu heilen. Auch einen toten Knaben, den Sohn eines Bauern aus der Umgebung, kann er kraft seines Gebetes wieder zum Leben erwecken. Eine rührende Begebenheit ist das Treffen Benedikts mit seiner leiblichen Schwester Scholastika, die ihn einmal im Jahr zu besuchen pflegte. Ihr gelang es mit ihrem Gebet, ein Unwetter herbeizurufen, das es dem Mann Gottes Benedikt unmöglich machte, rechtzeitig ins Kloster zurückzukehren. So konnte sie mit ihrem Bruder die ganze Nacht hindurch geistliche Gespräche führen. Da der Klostergründer auch der einheimischen Bevölkerung in vielerlei Nöten beistand, war er sehr beliebt. Der Überlieferung nach starb Benedikt an einem 21. März, vermutlich im Jahr 547. Er hatte vorher sein Grab öffnen lassen und hauchte stehend, von seinen Schülern gestützt „unter Worten des Gebetes" seinen Geist aus.

3 | DIE BENEDIKTSREGEL UND IHRE GESCHICHTE

In Kapitel 36 seiner Benediktsvita weist Gregor der Große auf das wichtigste Erbe seines Protagonisten hin: „Der Mann Gottes strahlte nicht nur durch zahlreiche Wunder hell in der Welt, er leuchtete nicht weniger durch das Wort seiner Lehre. Er schrieb eine Regel für Mönche, ausgezeichnet durch maßvolle Unterscheidung und wegweisend durch ihr klares Wort." Dass für ein Mönchskloster eine Regel verfasst wird, stellt im 6. Jahrhundert schon die reife Stufe einer langen mehrhundertjährigen Entwicklung dar. Das Phänomen des Mönchtums ist älter als das Christentum. Der Buddhismus übernimmt schon 500 v.Chr. mönchische Lebensformen aus dem Hinduismus. Gemeinsam ist allen Formen des Mönchtums die Absonderung von der Lebensweise der Mehrheit einer Glaubensgemeinschaft und ein von Askese und Gebet bzw. Meditation geprägter Lebensstil. Das griechische Wort Askese bedeutet im Deutschen so viel wie Übung oder Training. Schon Homer verwendet das Wort im Zusammenhang mit Kriegern und Athleten. Im religiösen Bereich beinhaltet es: Denken, Wollen und Verhalten sollen diszipliniert werden durch beharrliches Einüben von tugendhaftem Leben und durch den Verzicht auf Dinge, die die Konzentration auf das Wesentliche behindern. Meist betrifft dies Einschränkungen der Nahrung durch Fasten oder Verzicht auf bestimmte Lebensmittel, z.B. Fleisch und Genussmittel, Verzicht auf Sexualität, Besitz und Karrierestreben. Im Christentum begegnen uns zum ersten Mal Jungfrauen und Witwen als eigener Stand. Wanderasketen nahmen Impulse aus dem Neuen Testament auf, wenn etwa Jesus besitzlos und ehelos mit seinen Jüngern umherzieht oder die Apostel ihre Heimat und Familien verlassen, um das Evangelium zu predigen.

Im 3.Jahrhundert, also schon vor der Anerkennung des Christentums durch Kaiser Konstantin (312), entsteht in Ägypten das Anachoretentum. Hinaus aus der Gemeinschaft einer Siedlung – so könnte man den griechischen Begriff Anachoret übersetzen. Meist hausten diese Anachoreten in der Nähe einer Ortschaft allein in aufgelassenen Mausoleen. Ein aus religiösen Gründen allein Lebender wird bezeichnet durch das griechischen Wort Monachos, von dem unser deutsches Wort Mönch stammt. Diejenigen, die weiter weg in die Wüste gingen, werden Eremiten genannt. Das griechische Eremos heißt „unbewohnte Wüste".

Das große Vorbild aller Anachoreten und Eremiten ist der heilige Antonius der Große, der Vater der Mönche. Seine Lebensbeschreibung hat alle späteren Mönchsgestalten geprägt und maßgeblich beeinflusst. Er gründete lose Zusammenschlüsse von getrenntlebenden Eremiten. Sein ägyptischer Landsmann Pachomios gilt als Gründer der ersten christlichen Klöster für die er eine Lebensordnung, eine Regel, verfasst. Die Mönche, die dort ein gemeinschaftliches Leben führen, bezeichnet man als Koinobiten. Koinos bios heißt „gemeinschaftliches Leben". In den Wüstengebieten Ägyptens, Syriens und in Palästina entstanden ganze Landstriche voller Einsiedeleien und Klöster, sodass man sagte: „die Wüste lebt." Hatte doch jede Eremitage und jedes Kloster zumindest einen kleinen Garten, der bewässert, gehegt und gepflegt wurde und von dessen Erträgen die Mönche sich selbst versorgten. Die Mönche verstanden sich als Nachfolger der Märtyrer, die während der Verfolgungszeit der ersten Jahrhunderte für ihren Glauben ihr Leben ließen. Im Kloster wollten sie das Leben der Apostel nachahmen, von denen im neuen Testament im Blick auf die Jerusalemer Urgemeinde berichtet wird: „Die Gemeinde der Gläubigen war ein Herz und eine Seele. Keiner nannte etwas von dem, was er hatte, sein Eigentum, sondern sie hatten alles gemeinsam."

Allmählich entwickelten sich die vier Hauptmerkmale der Koinobiten im Unterschied zum Eremitentum: Die Mönche im Kloster leben nach einer für alle verbindlichen, schriftlich festgehaltenen Regel, Eremiten haben je ihren eigenen Rhythmus, was die Zeiten für Gebet, Schlafen, Essen und Arbeiten betrifft. Das Kloster wird geleitet von einem geistlichen Führer, dessen Aufgaben mit dem aus dem Aramäischen stammenden Begriff „Abt" (Vater) umschrieben wird, ihm unterwerfen sich die Mönche im Gehorsam. Um das Unwesen des Wandermönchtums zu unterbinden, wird Wert gelegt auf die sog. stabilitas (Beständigkeit), die lebenslange Zugehörigkeit zu einer bestimmten klösterlichen Gemeinschaft. Die einzelnen Mönche bleiben besitzlos, alles gehört der Gemeinschaft.

Diesen Grundsätzen verpflichtet, entstanden in den verschiedenen Kulturkreisen unterschiedliche Klosterregeln. Der Ägypter Pachomios war der erste, sein Ruf verbreitete sich schnell auch im Westen des Römischen Reiches, dort wurde ein frühes Kloster auf der Insel Lérins vor der Küste von Cannes gegründet. Der irische Missionar Kolumban verfasste eine strenge Regel, die in den von ihm und seinen Schülern gegründeten Klöstern Bobbio und St. Gallen gelebt wurde. Der nordafrikanische Bischof Augustinus von Hippo, der durch seine theologischen Schriften für das ganze Mittelalter prägend werden sollte, hatte eine Gemeinschaft von Klerikern um sich geschart, mit denen er ein gemeinsames klosterähnliches Leben führte und dafür mehrere kurze Lebensordnungen entworfen. Auf alle diese und andere Vorarbeiten konnte Benedikt zurückgreifen, als er daran ging, für sein 529 gegründetes Kloster auf dem Montecassino eine Regel zu entwerfen. Vor allem auf eine Quelle greift Benedikt zurück, die sogenannte Magisterregel, die in räumlicher und zeitlicher Nähe zu seinem Wirkungskreis entstanden sein dürfte. Von ihrer „Regelungswut" und Detailversessenheit setzt sich Benedikt wohltuend ab, indem er dem Abt ausdrücklich die Pflicht auferlegt, seine Regel an veränderte Zeit- und Raumumstände anzupassen.

Im Jahr 577 wurde das Kloster Montecassino durch die Langobarden zerstört. Fast 100 Jahre hörte man nichts mehr von der Regel Benedikts, bis zum Konzil von Autun um das Jahr 670. Die Fränkischen Bischöfe hatten sich versammelt, um das immer stärker werdende Klosterwesen zu ordnen. Es wurde beschlossen, dass die Mönchskonvente in Zukunft nach der Benediktsregel leben sollten. Damit wurde die bisherige Festlegung auf die Regel Columbans aufgehoben. Der fremdartig anmutende iroschottische Einfluss sollte zugunsten Römischer Gebräuche zurückgedrängt werden. Es dauerte noch eineinhalb Jahrhunderte, in denen beide Regeln in Mischformen in Anwendung blieben. Im Jahr 817 wurde auf dem Konzil von Aachen vom einflussreichen Reformer Benedikt von Aniane durchgesetzt, dass die Benediktsregel für alle im Frankenreich lebenden Mönche und Nonnen verbindlich sein sollte. Kaiser Ludwig der Fromme, der Sohn und Nachfolger Karls des Großen sorgte für die wirksame Durchführung des Konzilsbeschlusses. Benedikt von Aniane gründete die Abtei Kornelimünster in der Nähe von Aachen als Musterkloster, in dem die Erneuerung und Vereinheitlichung des Mönchtums beispielhaft vorgelebt werden sollte. Dieses Kloster bildete eine Art Kaderschule; hier ausgebildete Mönche wurden als Äbte in anderen Gegenden des Frankenreiches eingesetzt. Erst ab diesem Zeitpunkt kann man von Benediktinern sprechen.

Im engen Sinn des Wortes gibt es eigentlich keinen Benediktinerorden, da die einzelnen Klöster nach wie vor selbständig sind, es verbindet sie nur die gemeinsame Lebensordnung in Gestalt der Regel Benedikts, die aber in ihrer konkreten Ausformung je nach Kulturkreis ganz anders gelebt werden kann. Das Benediktinertum erlebte im Karolingerreich seine größte Verbreitung. Man nimmt an, dass es deutlich mehr als tausend Klöster zwischen den Pyrenäen im Südwesten und dem neueroberten Gebiet der Sachsen im Osten gab. Die Vereinheitlichung der Lebensweise war den Fränkischen Königen deshalb so wichtig, weil die Klöster wichtige Funktionen erfüllten: Sie sorgten für die Urbarmachung des Landes, kultivierten die Landschaften und die Infrastruktur, unterhielten Schulen und Bibliotheken, waren wichtige Wirtschaftszentren und garantierten durch ihren Gebetsdienst das ewige Heil der adligen oder königlichen Stifterfamilien, die in den Klosterkirchen ihre Grabstätte fanden. Im 10. Jahrhundert wurde in Cluny in Burgund eine Abtei gegründet, die bald zum Zentrum eines großen klösterlichen Verbandes mit ca. 1000 Filialklöstern werden sollte. Damit entstand zum ersten Mal so etwas wie eine ordensähnliche Struktur. Die Cluniazenser legten Wert auf die feierliche Gestaltung des gemeinsamen Gebets und vernachlässigten deshalb die Handarbeit der Mönche. Für die nötigen Arbeiten holten sie sich Laien in die Gemeinschaften, der Unterhalt des Klosters wurde vor allem durch die Pachtzahlungen und Abgaben der Bauern erwirtschaftet, die auf den umfangreichen Besitzungen des Klosters lebten. Dagegen erhob sich bald Widerspruch. Reformer wollten zurück zur ursprünglichen Balance zwischen Handarbeit und Gebetsdienst, ihr Motiv war: ora et labora (bete und arbeite). Diese griffige Zusammenfassung der Benediktsregel wurde zum Motto der Zisterzienser, einem der wichtigsten Reformzweige der benediktinischen Familie. Seit ihren Anfängen sagte man den „weißen Mönchen" ein besonderes Geschick in Land- und Wasserwirtschaft und in der Architektur nach. Ihre Überzeugung von der Würde körperlicher Arbeit führte verständlicherweise zu Erfolgen in den genannten Gebieten, welche bald wieder zu Rufen nach Rückkehr zur ursprünglichen Lebensweise der Benediktsregel führten. So profilierten sich die Trappisten im 17. Jahrhundert mit der Betonung der klösterlichen Schweigsamkeit.

Mit dem erneuten Aufkommen der städtischen Kultur im Spätmittelalter entstanden auch neue Formen des klösterlichen Lebens. Am markantesten sind wohl die sogenannten Bettelorden, die so bezeichnet werden, weil nicht nur ihre Mitglieder persönliche Besitzlosigkeit versprechen, sondern auch die Gemeinschaft auf Besitz und Vermögen verzichtet. Sie waren von Beginn an zentralistisch organisiert, mit einem Ordensgeneral an der Spitze und eingeteilt in Provinzen. Beispielhaft seien nur die Franziskaner und Dominikaner genannt. Die meisten Orden der Neuzeit haben eine ähnliche Struktur, am ausgeprägtesten die Jesuiten, eine Gründung aus der Zeit der Glaubensspaltung im 16. Jahrhundert.

Seither gab es auch für die Benediktiner Bestrebungen, sich zu einer größeren Einheit zusammenzuschließen, so bildeten sich Kongregationen, je nach regionaler oder spiritueller Zusammengehörigkeit. Ende des 19. Jahrhunderts formte sich schließlich auf päpstlichen Wunsch hin die benediktinische Konföderation, zu der heute weltweit 19 Kongregationen mit rund siebentausend Mönchen in 400 Klöstern gehören. Ihr oberster Repräsentant ist der Abtprimas, der seinen Sitz in Rom hat. Zur Benediktinischen Familie zählen auch die dreizehntausend Benediktinerinnen. Im deutschsprachigen Bereich sind es zu Beginn des 21. Jahrhunderts ungefähr 50 Männerklöster mit etwas über 1000 Mönchen.

4 | DAS BESONDERE DER BENEDIKTSREGEL

Das christliche Ordensleben kennt unterschiedliche Regeln, so haben z. B. die Franziskaner, die Augustiner, die Jesuiten, die Salesianer ihre eigenen Lebensordnungen. Franz von Assisi hat im 13. Jahrhundert eine Schar von begeisterten Anhängern um sich geschart, die sich die Selbstbezeichnung „Mindere Brüder" gab. Franz wollte für seine Bewegung keine andere Regel verfassen als das Evangelium, nach dessen Weisung die Brüder leben sollten. Als sich die Gemeinschaft der Minderbrüder zu einer regelrechten Massenbewegung entwickelte, musste er schließlich auf Druck der kirchlichen Behörden so etwas wie eine Regel vorlegen. Er stellte einfach die für ihn maßgeblichen Bibelstellen des Neuen Testaments zusammen. Es existieren drei Fassungen dieser Lebensordnung. Eine ganz andere Form einer Ordensregel konzipierte Ignatius von Loyola, der Gründer der Jesuiten. Die ursprüngliche spanische Bezeichnung des Ordens ist: Compania de Jesus, wörtlich auf Deutsch: Kompanie Jesu. Ignatius war Offizier, ehe er sich dem Ordensleben zuwandte. So sind auch seine Konstitutionen eher ein immer wieder anzupassendes Reglement für eine Elite-Kampftruppe, denn eine klassische Regel.

Was ist das überhaupt: eine Ordensregel? Das Wort Regel kommt aus der lateinischen Fachsprache der Bauhandwerker. Eine „regula" ist die Messlatte bzw. die Richtschnur des Maurers, mit deren Hilfe man auf festem Grund eine sicher stehende Mauer samt schützendem Dach errichten kann. In der Antike war die sog. lingua franca, die alle verbindende Sprache so wie heute das Englische, ein einfaches Griechisch, das in allen Regionen rund um das Mittelmeer gesprochen und verstanden wurde. In diesem Griechisch, der sog. koiné, ist auch das Neue Testament verfasst. Die griechische Vokabel für „regula" lautet „kanon". Heute noch wird das Kirchenrecht nicht in Paragrafen eingeteilt, sondern in Kanones, daher spricht man vom kanonischen Recht. Allgemein bekannt ist dieses Wort aber aus der musikalischen Praxis, die wir seit der Schulzeit kennen.

Unter einem Kanon versteht man eine mehrstimmige Komposition, bei der eine Stimme nach der anderen einsetzt, wobei die erste Stimme – quasi als Richtschnur – von den anderen Stimmen exakt kopiert wird. Damit sind wir schon beim Sinn einer Regel für ein Kloster: Es soll das ideelle Haus für eine Gemeinschaft von Menschen errichtet werden, in dem trotz Mehrstimmigkeit Harmonie herrscht. Ein Schlüsselwort der Benediktsregel ist daher „Pax" – Friede. Ein Kloster soll ein Ort des Friedens sein in der als friedlos erfahrenen Welt. Benedikt schreibt seine Regel inmitten der Welt des allmählich zerfallenden Römischen Weltreichs. Die Goten beherrschen Italien, der oströmische Kaiser kann Teile der Halbinsel zurückerobern. Es sind unruhige Zeiten, in denen Klöster wie Inseln des Friedens aus dem aufgewühlten Meer der kriegerischen Auseinandersetzungen herausragen. Innerhalb der klösterlichen Gemeinschaft gelten alle gleich, ob sie nun Römer, Goten, Reiche, Arme, Junge, Alte, Freie, Sklaven oder Adlige sind, das einzige Kriterium für die Rangordnung ist die Anciennität: „Wer zur zweiten Stunde des Tages ins Kloster kam, muss wissen, dass er jünger ist als jener, der zur ersten Stunde des Tages gekommen ist, welches Alter oder welche Stellung er auch haben mag. (RB 63,8)" Natürlich weiß Benedikt um die Schwäche der Menschen und ihre Fehlerhaftigkeit. Aus genau diesem Grund braucht es so etwas wie eine Regel, die als zeitlose Richtschnur für den Frieden in der Gemeinschaft dient. Ihr ist auch der Abt unterworfen, der trotz seiner einzigartigen Stellung dadurch nicht zu einem Despoten oder „absoluten" Monarchen werden kann. Pax ist deshalb zum Signet des Ordens geworden und über vielen Klosterpforten steht dieses Wort als Mahnung und Verheißung.

Ein weiterer dieser Schlüsselbegriffe ist das lateinische „succisa virescit" (abgehauen grünt es wieder). Verbunden wird der Spruch oft mit dem Bild eines Eichenstumpfs, aus dem seitwärts neue Zweige mit Blättern herauswachsen. Es handelt sich um den Wappenspruch des Benediktinischen Mutterklosters Montecassino, der auf dessen wechselvolle Geschichte Bezug nimmt. Schon wenige Jahrzehnte nach seiner Gründung wurde es von den Langobarden zerstört, 150 Jahre später wiedererrichtet. Im 9. Jahrhundert verwüsteten die Sarazenen die Abtei, 1349 vernichtete ein Erdbeben die Gebäude, danach blieb das Kloster bis zum Zweiten Weltkrieg unbehelligt. Am 15. Februar 1944 wurde es durch ein Bombardement der Alliierten bis auf die Grundmauern zerstört. Die seit Jahrhunderten angesammelten Kunstschätze waren zuvor durch deutsche Armeelastwagen in die Engelsburg nach Rom gebracht worden. Beim Bombardement waren zwischen dreihundert und vierhundert Menschen, die meisten zivile Schutzsuchende, ums Leben gekommen. Nach dem Krieg wurde die Abtei nach den ursprünglichen Plänen wiederaufgebaut. Succisa virescit steht aber nicht nur für das eine Kloster Montecassino. Es ist auch ein Motto für das Benediktinertum insgesamt. Dieses stellt das älteste „Ordensinstitut" der lateinischen Kirche dar. In den fast 1500 Jahren, seit denen es klösterliche Gemeinschaften gibt, die nach der Benediktsregel leben, kam es immer wieder zum Niedergang einzelner Klöster oder ganzer zusammenhängender Klosterlandschaften wie etwa die Zerstörung der Klöster durch die Ungarneinfälle des 10. Jahrhunderts oder die Enteignungen und Auflösungen in Folge der Aufklärung und der Französischen Revolution und der nachfolgenden Napoleonischen Herrschaft über Europa. Ebenso erlebte die Benediktinische Lebensweise dann erneute Aufschwünge, etwa durch verschiedene Reformbemühungen im Mittelalter oder die Neugründungen des 19. Jahrhunderts. Es genügte der Wille Einzelner, gemeinsam ein Leben nach der Regel Benedikts zu führen, die offensichtlich an verschiedene Kulturen und an gänzlich verschiedene historische Epochen angepasst werden konnte.

Der am häufigsten zitierte Spruch im Zusammenhang mit der Benediktsregel lautet: „ora et labora" (bete und arbeite). Es handelt sich dabei um eine mittelalterliche Zusammenfassung benediktinischer Lebensweise. Die Zisterzienser wollten die einseitige Betonung der feierlichen Liturgien von Cluny wieder auf die beiden „Beine" von Gebet und Handarbeit aller Mönche stellen. Dabei ist das Revolutionäre das „et", das „und". Durch Gebet *und* Arbeit wird Gott verherrlicht. Damit setzt sich Benedikt in Tradition der Mönchsgenerationen vor ihm von der antiken Einstellung zur körperlichen Arbeit ab. Ideal griechischer und römischer Kultur war es, als maßgebender Bürger gerade nicht anstrengende körperliche Arbeit selbst leisten zu müssen. Dies war Sache der Sklaven und Armen. Der „Normalbürger", der unser historisches Bild eines antiken Menschen bestimmt, war stolz darauf, Zeit für die „Muße" (lateinisch: otium) zu haben. Muße hieß: Lesen, schreiben, philosophieren, Gespräche mit Freunden führen. Wenn man seinen Geschäften und beruflichen Tätigkeiten nachgehen musste, die einen davon abhielten, ging es eben um „negotium" (wörtlich Nicht-Muße, dann Geschäft). Die gesellschaftliche Grundgröße war die Muße, Geschäfte betreiben galt als deren Störung. Dagegen setzt Benedikt einer spirituellen Grundlinie des Christentums folgend den Wert der Arbeit. Jesus war Zimmermann, seine Apostel Petrus und Paulus Fischer und Zeltmacher, die frühen Mönche verdienten sich ihren Lebensunterhalt mit dem Flechten von Körben und Matten. Die Wirtschaftslehre setzt das „ora et labora" des hl. Benedikt an den Beginn des neuzeitlichen Arbeitsethos. Die Menschen unserer Epoche sind stolz darauf, mit ihrer eigenen Leistung ihren Lebensunterhalt zu verdienen, daraus beziehen sie zum großen Teil ihr Selbstwertgefühl. Benedikt selbst schreibt schon in seiner Regel: „Nur dann sind sie wahre Mönche, wenn sie von ihrer Hände Arbeit leben." (RB 48,8) Dasselbe Kapitel mit der Überschrift „Die tägliche Handarbeit" beginnt mit dem Satz: „Müßiggang ist der Seele Feind. Deshalb sollen die Brüder zu bestimmten Zeiten mit Handarbeit, zu bestimmten Stunden mit heiliger Lesung beschäftigt sein." Heutige Benediktiner ergänzen deshalb die Formel „ora et labora et lege" (bete, arbeite und lies!). Die Benediktsregel ist damit nicht nur Urheberin der Hochschätzung der Arbeit und des Beschäftigtseins, sondern leider auch zur Totengräberin der Muße geworden. Diese wird abgestempelt als otiositas, Müßiggang, das heißt zu einer Spielart der Faulheit. Wer traut sich heute noch zuzugeben, dass er nur faul war? Und wenn wir nur vortäuschen, ständig beschäftigt zu sein, ist das auch eine Spätfolge des benediktinischen „ora et labora".

5 | GRUNDPRINZIPIEN DER BENEDIKTSREGEL

5.1 | STABILITAS – BESTÄNDIGKEIT

Im ersten Kapitel seiner Regel beschreibt Benedikt vier Arten des Mönchtums. Zwei Arten, die er positiv herausstellt, die Einsiedler und die Koinobiten und zwei, die dazu als verabscheuungswürdige Gegenbilder gezeichnet werden: Die Sarabaiten und die Gyrovagen. Eine moderne Übersetzung der Regel benennt sie als die Regellosen und die Ortlosen. Dagegen setzt Benedikt die Grundpfeiler seiner Auffassung von Mönchtum, zwei sehr bildhafte Begriffe: militare sub regula vel abbate (kämpfen unter Regel und Abt) und stabilitas (Beständigkeit). Letztere wird oft eng gefasst als Ortsbeständigkeit (stabilitas loci), aber eigentlich meint Benedikt die dauerhafte Zugehörigkeit zu einer bestimmten Gemeinschaft. Natürlich geht es auch um eine innere Beständigkeit, er wendet sich auch gegen ruheloses Umherschweifen und propagiert das zuhause bleiben innerhalb der Klostermauern. Schon sein Biograph Gregor der Große zeichnet als eine seiner Charakterstärken das „habitare secum" – „bei sich wohnen bleiben".

5.2 | OBOEDIENTIA – GEHORSAM

Der Begriff des Gehorsams ist unseren modernen Ohren suspekt. Einen positiven Klang besitzt er nur noch beim Militär und in der Hundeerziehung. Die Philosophin Hannah Arendt wird oft zitiert mit einem Satz, der das Lebensgefühl der liberalen demokratischen Gesellschaften auf den Punkt bringt: „Niemand hat das Recht zu gehorchen." Trotzdem verspricht ein Benediktiner (und ähnlich alle Ordensleute) bei seiner Profess, seinem Ordensgelübde, Beständigkeit, klösterlichen Lebenswandel und Gehorsam. Dieser soll hören auf die Stimme Gottes in der Heiligen Schrift und in seinem Gewissen, auf seinen Abt und seine Brüder. Heute würde man im säkularen Umfeld wohl eher von Loyalität dem Unternehmen und dem Vorgesetzten gegenüber sprechen.

Wie kann man diesen sperrigen Begriff Gehorsam für unsere Zeitgenossen (um mit Jürgen Habermas zu sprechen) „rettend übersetzen"? Das deutsche Wort Gehorsam hat drei Silben: Ge – hor – sam. In einem deutschen zusammengesetzten Substantiv steckt das Wichtige in der Mitte. „Hor" ist der Rest von horchen. Horchen und hören ist zweierlei: hören ist das Wahrnehmen von Geräuschen, horchen ist das aufmerksame hinhören wollen. Die Nachsilbe „sam" bedeutet eifrig sein, intensivieren. Kinder z. B. sollen eifrig sein im Folgen, folgsam sein, wir alle wurden angehalten, sparsam mit den Ressourcen umzugehen. Die Vorsilbe „Ge" bezeichnet etwas Allgemeines, Gesamtes. Berge bilden ein Gebirge, Büsche ein Gebüsch. Das Wort Gehorsam wäre nach dieser etymologischen Methode also folgendermaßen zu übersetzen: „Eifrig sein im Horchen und das zu einer gemeinsamen allgemeinen Haltung werden lassen".

Für Benedikt ist in seiner Regel das Horchen die Basis des Mönchslebens. Deshalb beginnt er sie mit dem Imperativ: Höre! Der ganze erste Satz des Prologs der Regel lautet: „Höre mein Sohn auf die Weisung des Meisters, neige das Ohr deines Herzens, nimm den Zuspruch des gütigen Vaters willig an und erfülle ihn durch die Tat!" In diesem einen Sätzchen steckt die ganze Welt des Klosterlebens: es ist ein Dreischritt: Hören – Annehmen – Tun. Unser modernes Problem mit dem Gehorsam kommt daher, dass wir den zweiten Schritt, den wichtigsten, nicht mehr mithören. Wir müssen innerlich annehmen wollen, was wir dann umsetzen sollen. Annehmen kann ich aber nur etwas, das mir von einem „gütigen Vater" befohlen wird. „Pius pater", das ist die wörtliche Übersetzung des aramäischen „abbas", von dem schließlich die Bezeichnung „Abt" abgeleitet ist. Es muss ein grundsätzliches Vertrauensverhältnis zwischen dem Führenden und dem Geführten herrschen, nur dann kann Gehorsam in rechter Weise eingefordert und geleistet werden. Das Gehör steht darüber hinaus stellvertretend für alle Sinneswahrnehmungen. Es ist nicht wie der Gesichtssinn auf eine Richtung oder wie der Tastsinn auf die berührte Stelle beschränkt oder diffus wie der Geruch. Wegen der Flüchtigkeit des Gehörten steht das Hören für einen Wert, der durch die Hintertür asiatischer Spiritualität im Westen bewusst worden ist: die Achtsamkeit – mindfulness. Achtsamen Umgang miteinander, das fordert Benedikt mit seinem gegenseitigen Gehorsam von der gesamten Mönchsgemeinschaft. Auch hierzu gibt es ein eigenes Kapitel in seiner Regel, das 71. mit der Überschrift: Der gegenseitige Gehorsam.

Das Hören ist die eine Seite der Medaille, deren andere das Kommunizieren darstellt. Der tiefere Sinn des Wortes Kommunikation meint nicht das Reden als Wortschwall, sondern das In-Verbindung-Sein von Menschen. Kommunikation hilft, damit communio, Gemeinschaft, zustande kommt. Dies ist dann vorrangig Aufgabe des Abtes, der durch seine Führungskunst das größte Hindernis wahrer Kommunikation, das Murren unterbinden soll – durch die Prophylaxe des Unterscheidens und das aktive Hinhören-Wollen.

5.3 | HUMILITAS – DEMUT

Ein ähnlich ambivalentes Verhältnis wie zum Gehorsam hat der moderne Mensch zur Demut, einer Tugend, der Benedikt das längste Kapitel seiner Regel widmet. Von uns wird Durchsetzungsfähigkeit, Rückgrat, Widerspruchsgeist gefordert. Da passt so etwas wie die altbacken klingende Demut nicht ins Weltbild. Auch hier könnte eine „rettende Übersetzung" helfen: im lateinischen humilitas hören wir ein Wort heraus, das wir aus dem Gartenbau kennen: Humus: Erde, Boden. Humilitas könnte man also übersetzen mit „Erdverbundenheit, Bodenhaftung". Mit beiden Beinen auf dem Boden stehen, nicht mit dem Kopf in den Wolken schweben, nicht abgehoben, nicht „hochmütig" sein. Sich selbst, seine eigenen Stärken und Schwächen erkennen wollen und kennen. „Erkenne dich selbst!" stand als Spruch an einer Säule der Vorhalle des Apollotempels in Delphi. Dies war eine Mahnung, angesichts der Erkenntnis der eigenen Schwächen Bescheidenheit zu üben und nach dem Beispiel des Erzphilosophen Sokrates sein Nichtwissen einzugestehen.

Das deutsche Wort Demut hat sich aus dem frühhochdeutschen „dien-muot" gebildet, es war ein Ehrbegriff der Ritterzeit. „Dienen wollen" war die Haltung des Vasallen gegenüber seinem Herrn und Fürsten. Heute noch führt der englische Thronfolger als Prince of Wales den mittelalterlichen deutschen Wappenspruch: „Ich dien". Er drückt damit aus, dass er seiner Königin dient, indem er seine Stellung als Dienst an seinen Untertanen, den Walisern versteht. Als Angela Merkel zum ersten Mal 2005 zur Kanzlerin gewählt wurde, titelte die Bild Zeitung mit einem Zitat: „Ich will Deutschland dienen". Demut ist also eine Tugend für alle, für diejenigen, die leiten und führen und für diejenigen, denen mit der Führungsaufgabe gedient wird. Jeder muss an seinem Platz das tun, was ihm dort zukommt. Auch hier wieder wird die Annahme dessen, was ist, zur Voraussetzung echter von innen gelebter und nicht aufgesetzter und falscher Demut. In der Regel mahnt Benedikt den Abt, er müsse „dienen statt herrschen" (RB 64, 8) und den „gemeinen" Mönch, seinen Eigenwillen zu zügeln und sich in die Gemeinschaft einzufügen.

5.4 | DISCRETIO – FINGERSPITZEN-GEFÜHL

Im zweiten Text über Dienst und Stellung des Abtes, dem 64. Kapitel seiner Regel fordert Benedikt schon vom Kandidaten für diesen Leitungsdienst eine innere Haltung, die er als Mutter aller Tugenden bezeichnet, die „discretio". Von diesem Wort ist unser Fremdwort Diskretion abgeleitet, das Fingerspitzengefühl, Zurückhaltung bezeichnet. Das deutsche Fremdwort ist aber etwas schwächer als die ursprüngliche Bedeutung. Das lateinische Verb discernere heißt „unterscheiden". Die discretio ist die Gabe der Unterscheidung. Was ist damit gemeint? Der Abt muss seine Mönche voneinander unterscheiden, er muss sie in ihrer Unterschiedlichkeit wahrnehmen. Er muss ihre Stärken und Schwächen erkennen und in seinem Führungsalltag diese Kenntnis miteinbeziehen. Er muss versuchen jedem Einzelnen gerecht zu werden. Das beinhaltet eine klassische Auffassung von Gerechtigkeit. Unser moderner Gerechtigkeitsbegriff ist wesentlich vom Gedanken der Gleichbehandlung geprägt: Es darf keine Privilegierung bestimmter Gruppen, Schichten, Stände geben. Alle sind vor dem Gesetz gleich. Die klassische Form von Gerechtigkeit ist dagegen nicht vom Grundsatz „Allen das Gleiche" geprägt, sondern von der Forderung „Jedem das Seine – suum cuique". Das verlangt dann vom Abt einen hohen Grad der Anpassungsfähigkeit. Nicht der Mönch hat sich ihm anzupassen, sondern er muss sich an die jeweiligen Möglichkeiten des Einzelnen mit seinen Forderungen anpassen. Der Sinn der discretio liegt darin, dass niemand überfordert, aber auch nicht unterfordert wird.

Die „discretio" wird auch mit einer der vier Kardinaltugenden gleichgesetzt, der „weisen Mäßigung" bzw. dem Maßhalten. Schon Aristoteles setzt die „Mesotes", die Tugend des Mittleren, an die erste Stelle. Leider hat unser deutsches Wort „Mittelmaß" einen schlechten Klang, sonst wäre es die passende Übersetzung. Die discretio schätzt Maß und Ziel ab, sie sucht die goldene Mitte. Ein gängiges Beispiel: die Großzügigkeit muss zwischen den Gegensätzen Geiz und Verschwendung die Balance halten, der Fleiß zwischen Müßiggang und Aktionismus, die Loyalität zwischen blinder Gefolgschaft und Willkür. Die discretio hilft, den Mittelweg nicht aus den Augen zu verlieren und die Extreme zu vermeiden. Vor allem in den beiden ausdrücklich dem Abt gewidmeten Kapiteln, dem 2. und dem 64. und über die ganze Regel verstreut, finden sich Sätze, die zur discretio mahnen: „Er zeige den entschlossenen Ernst des Meisters und die liebevolle Güte des Vaters, muss er doch dem einen mit gewinnenden, dem anderen mit tadelnden, dem dritten mit überzeugenden Worten begegnen." (RB 2) Der Abt hat maßvoll zu unterscheiden, „damit die Starken finden, wonach sie verlangen und die Schwachen nicht davonlaufen." (RB 64) „So berücksichtige er die Schwäche der Bedürftigen." (RB 55) Die Eckpfeiler, mit denen das rechte Maß abgesteckt wird, sind die persönlichen Werte des Menschen. Ein Philosoph unserer Tage nennt Werte die Ideen vom Guten, Rechten und unbedingt Anzustrebenden. Werte, die den Einzelnen prägen drücken die Vorstellungen von einem guten Leben aus, die Alten nannten das Eudaimonia, Glück oder „vita beata". Wir würden von einem gelingenden Leben sprechen, das mit Maß und Ziel erreicht wird.

6 DAS MENSCHENBILD DER BENEDIKTSREGEL

Welches Bild vom Menschen steht hinter dem Regelwerk Benedikts? Wie kann es für uns Heutige hilfreich sein? Es sind tatsächlich Bilder, die Benedikt entwirft. Er vergleicht das Kloster mit anderen Einrichtungen, einem Haus, einer Werkstatt, einer Schule und ganz unerwartet – einem Krankenhaus. Mit diesen Bildern skizziert er sein Menschenbild. Dabei geht er jeweils von den Personen aus, die in diesen Gemeinschaftseinrichtungen miteinander agieren, dem Abt und den Mönchen.

Wenn wir modernen Menschen vom Haus sprechen, denken wir zuerst wohl an ein Einfamilienhaus oder ein mehrstöckiges Miets- oder Bürohaus. Das sind Bilder unserer Erfahrungswelt. Der antike Mensch dachte wohl eher an das, was wir mit dem Begriff „Haus und Hof" benennen. Es ist ein Lebensbereich, der auch das gemeinsame Wirtschaften umfasst. Ein Kloster bildet wie ein Bauernhof oder Gutshof eine Einheit von Leben und Arbeiten am selben Ort. Eine Gemeinschaft von Menschen bewirtschaftet den Hof. Das meint auch das Wort Familie. Wir denken wieder nur an die Kleinfamilie, Vater, Mutter, Kind. Zur antiken „familia" gehörten auch die „famuli", das Gesinde, ja auch das Vieh im Stall und auf den Feldern. Mit dem Wort Haus ist mehr gemeint als nur das Gebäude, es umfasst die Familie samt den Generationen davor und danach. Bei den Adelshäusern gebrauchen wir noch diese Bedeutung. Wir sprechen vom Haus Windsor, vom Haus Wittelsbach oder Hohenzollern. Das griechische Wort „oikos" steht dafür. Von ihm kommen die Fremdwörter „Ökonomie" oder die heute salonfähig gewordene „Ökologie". Der Ökonom ist derjenige, der ein Haus ordentlich verwaltet. Eine ganze Welt tut sich also mit dem Begriff „Haus" auf: Das Miteinander von Menschen, Tieren und Sachen, die gemäß einer Ordnung aufeinander bezogen sind. Der Ökonom ist der Hausherr, der seiner Sache dient, indem er sie gut verwaltet. Dieses Verwalten weist darauf hin, dass die Lebewesen und Dinge einem anvertraut sind, aber nicht gehören. Sie werden von Generation zu Generation weitergegeben, sind daher eher zu bewahren als zu veräußern, eher zu mehren denn zu mindern. Dabei, das haben wir schon beim Erklären der „regula" gesehen, geht es nicht um Gleichmacherei. Einheit der familia bedeutet nicht Einheitlichkeit. Das gemeinsame Haus ist Bild für Beständigkeit, Geborgenheit und Gemeinschaft. Es ist ein Ort, in dem der Mensch Mensch sein kann, seinem Wesen als „animal sociale" (soziales Lebewesen) gemäß. Dem Haus steht der Hausvater vor, dem Kloster der Abt. „Er suche mehr geliebt als gefürchtet zu werden." (RB 64) Das vertrauensvolle Verhältnis zwischen Führendem und Geführten wird mit diesem Bild erneut evoziert.

Ein zweites Bild ist das der Schule. Benedikt will eine „Schule für den Dienst des Herrn" errichten. Das Kloster ist ein Lernort auf Lebenszeit. Der Mensch bleibt ein Lernender, ein Suchender, ein Fragender sein Leben lang. Die Reifung der eigenen Persönlichkeit ist nie abgeschlossen. Lernen ist für Benedikt vor allem Herzensbildung. Dabei wird in dieser Schule jeder nach seiner Fassungskraft behandelt, der „discretio" entsprechend. Jeder hat seine eigene Art zu lernen und sein eigenes Tempo. Die Kunst des Lehrers besteht darin, auf diese Eigenarten einzugehen. Die Lehr- und Lernmethode im Kloster besteht für Benedikt im Lernen am Vorbild. Stoff kann gepaukt werden, soziales und ethisches Verhalten lernt man nur durch Vorbilder. Daher wird dem Abt die Aufgabe zuteil, „mehr durch sein Leben als durch sein Reden alles Gute und Heilige sichtbar zu machen." (RB 2,12) Ein Lehrer der Herzensbildung bleibt selbst ein Lernender, er ist bereit, sich selbst in Frage stellen zu lassen, er bleibt offen für Neues und versteht es diese Offenheit weiterzugeben, ja die Schüler dafür zu begeistern. Lernen ist ein individueller Prozess. Die Partnerschaft zwischen Lehrendem und Lernendem muss auf Respekt beruhen. Das rechte Maß an Distanz und Nähe ermöglicht es dem Lehrer, die Richtung vorzugeben und zugleich dem Schüler Raum zu lassen.

Einen Schritt weiter geht das nächste Bild, das der Werkstatt. In einem langen Kapitel, dem vierten, zählt er die Werkzeuge der geistlichen Kunst auf. Er beendet es mit der Bemerkung: „die Werkstatt, in der wir das alles sorgfältig verwirklichen sollen, ist das Kloster" (RB 4,78). Mit einer Werkstatt verbinden wir das Handwerk, heute auch die Meetings und Trainings, wenn wir einen „Workshop" durchführen. Experimente finden im Labor statt. Ein Laboratorium ist dem Wort nach auch nichts anderes als ein Ort der Arbeit. Aber im Labor experimentiert man, man forscht, bastelt und erfindet. Es ist ein Bild wacher, lebendiger, doch konzentrierter Tätigkeit, die in die Zukunft weist. Bei Benedikt geht es um eine Werkstatt der Menschwerdung. Der Psychologe und Menschenkenner Benedikt weiß um die Schwächen seiner Mönche und rechnet mit ihnen. In der Werkstatt Kloster können sie ein Leben lang an ihrer Reifung und Vervollkommnung arbeiten.

Das vierte prägende Bild für den Abt ist das des Arztes, oder wie ein Abt unserer Tage einmal seufzend meinte, eines Krankenhausdirektors. Der weise und erfahrene Arzt hat ein Auge dafür, wenn Körper und Geist leiden. Er erkennt, wie verletzlich der Mensch ist und welche Brüche das Leben mit sich bringt. Bei der Visite geht der Stationsarzt zu jedem Kranken hin, fühlt ihm den Puls, redet erklärend und beruhigend mit ihm und gibt ihm das Gefühl, jetzt ganz wichtig zu sein und dass er nur für ihn da ist. Krankheit ist für die Alten immer ein Phänomen von Körper und Seele gleichermaßen, Krankheit ist eine gesamtmenschliche Heilskrise. Der Abt ist somit zuerst ein Seelenarzt. Er muss sich bemühen, die Hauptkrankheit der Mönche zu diagnostizieren und zu therapieren, die „acedia". Acedia ist die innere Unzufriedenheit, das hin- und hergerissen sein, eine Unruhe, die sich auch im äußeren Verhalten zeigt. Der von der acedia befallene Mönch fühlt sich unglücklich, leicht übergangen und verletzt. Sein Seelenfriede ist gestört und damit stört er den Frieden in der Gemeinschaft. Hier braucht es die Heilkunst für die Seelen. Es geht um Zuwendung und Verständnis. Hinhören und zum Reden ermuntern, das löst Verkrampfung und Anspannung und ermöglicht Gesundung und Heilung.

7 | WELCHES MENSCHEN-BILD WIRD IM KLOSTER GELEBT?

Wie überall auf dieser Welt, wo fehlbare Menschen zusammenleben, klaffen Ideal und Wirklichkeit auseinander, manchmal mehr, manchmal weniger. Schon der Apostel Paulus jammert im einem seiner Briefe: „Wir finden unser Leben von folgender Gesetzmäßigkeit bestimmt: Ich will das Gute tun, bringe aber nur Böses zustande." (Röm 7,18) Ähnlich sieht es auch Benedikt, wenn er immer wieder davon ausgeht, dass es Verfehlungen gegen die Regel und die Brüder gibt und geben wird. Ähnlich wird es jeder Abt oder Obere einer Klostergemeinschaft erleben und erfahren: Die Menschen sind am Anfang begeistert, mit der Zeit kommen die mühsamen Ebenen des Alltags, die Ernüchterung, dass die anderen nicht so sind, wie sie in den eigenen Augen sein sollten. Das führt zu Frust, der im besten Fall nach einiger Zeit wieder vergeht, sich im schlechtesten Fall zu dauernder Unzufriedenheit verfestigt. Solchen Mönchen begegnet man im Kloster immer wieder. Sie haben nicht den Mut oder auch die ökonomischen Möglichkeiten, den Schritt hinaus zu tun. Was eigentlich der Idee des freien Entschlusses diametral widerspricht. Man bleibt nicht dabei, weil man will, sondern, weil man muss. Je nach dem spirituellen und psychologischen Zustand eines Mönchskonvents beeinflusst dies mehr oder weniger die Gesamtstimmung, führt zu frohem und aktivem Mittun der gesamten Gemeinschaft oder zu Stagnation und negativer Ausstrahlung. Nach dem alten Spruch „Der Fisch stinkt vom Kopf her", ist es Aufgabe der Führungskraft, des Abtes und seiner Stellvertreter, für die rechte Ausstrahlung nach innen und außen zu sorgen. Wie bei weltlichen Unternehmen und Organisationen geht es um echte Ausstrahlung von innen her, man wird sofort merken, ob das klösterliche Image ein Marketing-Effekt sein soll oder tatsächlich gelebt wird.

Wie praktiziert man zeitgemäßen Gehorsam? Seit dem Missbrauch der Gehorsamsforderung durch den Militarismus der Zeit vor dem Ersten und der NS-Ideologie vor und während des Zweiten Weltkriegs ist man in unseren westlichen Gesellschaften dieser Tugend gegenüber kritisch bis ablehnend eingestellt. Der jüdischen Philosophin Hannah Arendt wird die Aussage zugeschrieben: „Niemand hat das Recht zu gehorchen." Ausgehend vom Gehorsamsverständnis wie ich es oben beschrieben habe, muss es darum gehen, eine klösterliche Gemeinschaft als eine Gemeinschaft gegenseitig aufeinander Hörender zu formen. Beginnend von oben, sollen alle, bevor sie beginnen zu kommunizieren, aufeinander hören. Dieses „Hören" geschieht auch non-verbal in achtsamer Wahrnehmung. In den Satzungen der jeweiligen Kongregationen wird genau festgelegt, wie denn das Rat-holen des Abtes geschehen soll. War es früher eine bloße Verpflichtung zum Hören, hat es sich inzwischen zu der Verpflichtung, einer qualitativen Mehrheitsentscheidung zu folgen weiterentwickelt. Es wird bei den Kapitelsitzungen nach demokratischen Gesichtspunkten abgestimmt, wenngleich darauf Wert gelegt wird, so lange zu diskutieren und die Vorlage zu modifizieren, bis die meisten zustimmen können. Dafür muss man sich allerdings Zeit nehmen.

Unter Gehorsam kann und darf nicht mehr verstanden werden, den Willen des einzelnen Mönchs mutwillig zu brechen, um seine Demut zu erproben. Viele Geschichten kursieren darüber in den Konventen: So soll eine Schwester mit einem Sieb zum Wasserholen geschickt worden sein. Ein Mönch, der als Lehrer eingesetzt werden sollte, musste gegen seinen Wunsch und sein Talent Mathematik statt Germanistik studieren. Diese Zeiten sind vorbei. Ein Abt unserer Tage hat dies augenzwinkernd folgendermaßen kolportiert: Gehorsam heißt heute: Der Abt muss durch kluges Fragen den Wunsch des Mönches eruieren und dies dann als Befehl erteilen.

Auch der Demutsbegriff hat sich gewandelt. Heute wird man wohl darunter verstehen dürfen: Die Aufgabe, die Rolle anzunehmen, die man mit eigener Zustimmung übertragen bekommen hat und diese dann proaktiv auszugestalten. Dienst an der Gemeinschaft und an der Sache. Beides zu vereinbaren kann manchmal schwierig werden. Dann bedeutet Demut tatsächlich, sich dem Urteil des Abtes, der im optimalen Fall die Meinung der ganzen Gemeinschaft wiedergibt, zu unterwerfen. Demut konnte im traditionellen Missverständnis oft auch passive Obstruktion bedeuten. So die kolportierte Devise eines alten Laienbruders: Im Kloster muss man sich dumm anstellen, dann braucht man nicht so viel zu arbeiten und stirbt am Ende noch im Geruch der Heiligkeit.

Die „discretio", die Gabe der Unterscheidung, ist eine Vorform unserer modernen „diversity". Die Unterschiedlichkeit der vorhandenen Talente wertschätzen und zur Entfaltung, zum Klingen bringen – ohne dabei die Harmonie der Lebens- und Arbeitsgemeinschaft zu stören. Der Vorteil des Benediktinerklosters besteht darin, keine konkrete Aufgabe zu haben. Andere Orden haben bestimmte Tätigkeitsfelder wie Jugendarbeit, Exerzitientätigkeit, Krankenfürsorge, Mission, u.v. a. Für die Benediktiner gilt tatsächlich nur die Devise: ora et labora (et lege). Das gemeinsame und private Gebet als Säule und das Erwirtschaften des Lebensunterhalts nach den jeweils örtlichen Gegebenheiten. Traditionellerweise geschieht das in der Landwirtschaft und den davon abgeleiteten Tätigkeiten wie Molkerei, Käserei, Brauerei. Ein Kloster in der Stadt wird andere Aktivitäten verfolgen wie ein Landkloster. Dort wird die Aufgabe womöglich in der Citypastoral oder in der Obdachlosenarbeit bestehen. Für Letzteres ist ein schönes Beispiel die Abtei St. Bonifaz in München, zu der das für seine Brauerei bekannte Kloster Andechs am Ammersee gehört. Das Stadtkloster samt seiner Ökonomie 40 km auswärts wurde 1850 vom Bayerischen König Ludwig I. gestiftet. Aufgabe sollte Pfarrseelsorge und Schulunterricht sein. Ersteres ist bis heute geblieben, Letzteres wurde früh aufgegeben. Damals lag das Kloster außerhalb der Stadtmauern, inzwischen gehört der Münchner Hauptbahnhof zum Pfarrbezirk von St. Bonifaz. In den 1990er Jahren traten mehrere junge Leute ein, für die momentan nicht genügend sinnvolle Aufgaben vorhanden waren. Sie suchten selbst und wurden fündig in der Betreuung der zahlreichen Obdachlosen, die an der Klosterpforte eine mehr schlecht als recht verabreichte Armenspeisung erhielten. Inzwischen existiert in einem eigenen Gebäude ein Zentrum mit Speisesaal, in dem an die hundert Bedürftige Platz haben, eine Kleiderkammer und eine ärztliche Notversorgung. Aufgrund der vorhandenen Talente hat das Kloster eine neue Aufgabe gefunden.

Natürlich wird in den herkömmlich verwalteten Unternehmen nur sehr schwierig ein völlig neues Produktportfolio zu finden und zu implementieren sein. In Zeiten von Scrum, Agility und New Work werden ähnliche Beispiele unsere Unternehmenslandschaften zunehmend bevölkern. Auch Arbeitsplätze werden ihre feste Aufgabenbeschreibung flexibler gestalten. Nicht mehr der Arbeitnehmer muss in ein Schema der vorhandenen Arbeitsplatzbeschreibung passen, sondern der Arbeitsplatz wird den kreativen Ressourcen des Mitarbeiters angepasst. In Summe kann das dann zu einer völligen Neuausrichtung eines Unternehmens führen.

8 AGILITÄT IM KLOSTERLEBEN

Auf den ersten Blick scheint das ein Widerspruch zu sein: Agilität und Kloster. Das oben geschilderte Bild zur Devise „succisa virescit" (abgehauen grünt es wieder) bringt die Ambivalenz dieser Zusammenstellung sehr gut zum Ausdruck. Mit dem Bild des Baumes, von dem nur noch der Stumpf übrig ist, aus dem ein kleiner Zweig hervorsprießt, verbinden wir ja eher Unbeweglichkeit, Beständigkeit, ja Starre. Wenn ein Baum starr wäre, würde er nicht lange stehen bleiben. Bäume, Äste, Zweige, Blätter bewegen sich mit dem Wind. Manche Arten benützen den Wind, um ihre Samen zu verbreiten. Im Lauf von Jahrmillionen hat diese Spezies die für sie vorteilhaftesten Weisen gefunden, die ihr optimales, für unsere menschliche Verhältnisse sehr langes Überleben und Weiterleben in den nächsten Generationen ermöglichen. Der Baum ist ortsbeständig, aber in sich sehr beweglich. Was ein Kloster, wofür das Symbol des Baumstumpfs steht, von den Unternehmen unserer Zeit in vielem, sicher nicht in allem unterscheidet, ist die Geschwindigkeit, in der mit den von außen anstürmenden Veränderungen umgegangen werden muss.

KAPITEL 1

Idee der Agilität und agiles Leben verstehen

Die neue schöne Arbeitswelt verblüfft so manchen Betrachter. Wenn ein heute 70-Jähriger Rentner in einem Büro eines großen oder mittelgroßen Konzern vorbeischauen würde, würde er wahrscheinlich die Welt nicht mehr verstehen. Viele Büros sind geschmückt in grellen, bunten Farben, Sitzsäcke laden zum Verweilen ein, an den Wänden kleben abertausende von bunten PostITs und die ehemaligen Teeküchen heißen nun „Coffee Lounges" mit Fairtrade Kaffee und Kühlschränken voller Limonaden und Bieren mit lustigen Namen aus regionalen Brauereien. Der Besucher wird Großraumbüros vorfinden, die wie in der Vorbereitung auf einen Umzug leergeräumt sind. Er würde belehrt, dass es keine festen Arbeitsplätze mehr gibt. Jeder Mitarbeiter räumt jeden Abend seine persönlichen Habseligkeiten in einen rollenden Spind, den er in eine Ecke schiebt. Am Morgen beginnt dann eine Art „Reise nach Jerusalem" auf der Suche nach einem Arbeitsplatz. Wehe, man kommt um erst um 9.30 Uhr ins Büro. Dann sind die besten Plätze am Fenster schon längst vergeben. An einer Seite des Büros befinden sich kleine, verglaste Zellen mit jeweils einem Tisch und zwei oder drei Stühlen, die ungestörte Gespräche oder konzentriertes Arbeiten ermöglichen sollen. Tatsächlich sind diese Zellen schallgeschützt, aber jeder im Büro kann sämtliche Gesten und Reaktionen der Zelleninsassen genau beobachten und seine Rückschlüsse über den Charakter des Gesprächs ziehen.

Der Besucher kennt sich mit den früheren Hierarchien in Betrieben aus. Es gab Sachbearbeiter, Abteilungsleiter, stellvertretende Abteilungsleiter, Direktoren und Vorstände. Heute erfährt er aus den Organigrammen, dass in den Büros Product Owners, Scrum Masters, agile Coaches, agile Facilitators und Happiness Facilitators arbeiten.

Wenn der Besucher dann an einem Tischkicker und Tischtennisplatten vorbei in die Besprechungszimmer bzw. „Meetingrooms" hinüber geht, wird er keine schönen Porzellan-Kaffeetassen mit vergoldetem Rand und Thermoskaffeekannen voller Filterkaffee vorfinden, sondern große Bildschirme, denn heute finden die Mehrzahl aller Meetings über Webkonferenz statt – irgendeiner ist immer zu Hause oder in Berlin oder sonstwo auf der Welt unterwegs. Außerdem erinnern die Konferenzräume an Klassenzimmer. Die Wände sind nicht mit edlen Holzvertäfelungen oder abstrakten Kunstwerken verziert, sondern bieten Platz für „Whiteboards" auf denen Begriffe wie Kanban, Sprints,

Retro, Velocity, Daily Standup stehen, die für unseren Besucher vollkommen unverständlich sind. An manchen Tischen wird er Timer finden wie bei einer alten 80er-Jahre-Quizshow und an anderen Tischen Spielkarten, die an Poker erinnern. An einigen Wänden hängen Plakate mit Sprüchen wie „Wir sind wahre Mutbolzer". Sehr wahrscheinlich hätte der Besucher den Eindruck, er sei in eine Mischung aus Spielhalle, Kindergarten oder Clubhotel geraten und nicht in ein Büro.

Unser Besucher wird vieles neues entdecken können, auch Müslischalen oder Obstkörbe, aber er wird eines vermissen: die Mitarbeiter. Die haben sich alle ins smart working verabschiedet oder – wie man es auch nennt – ins Home-Office.

Die Veränderungen in den letzten zehn Jahren in deutschen Unternehmen sind exorbitant. Diese Veränderungen beschränken sich nicht mehr nur auf die Verbannung von Krawatten und Anzügen aus den Unternehmen und auf die weißen Sneakers, die stattdessen en vogue geworden sind. Die meisten Veränderungen basieren auf neuen Managementtrends, die mit den Begriffen Scrum, New Work und Agilität verbunden, und die wie ein Tsunami über die Unternehmen gerollt sind.

Auch wenn in vielen Unternehmen die identischen Wörter für neue Managementmethoden verwendet werden, so sind die Bedeutungen doch sehr verschieden. Es ist faszinierend, wie unterschiedlich die Methoden tatsächlich gelebt werden. Aus diesem Grund möchten wir zunächst ein gemeinsames Verständnis über die wichtigsten aktuellen Managementmethoden schaffen, um einen Rahmen für die Analyse von Führung und aktuellen Fehlern im Management zu spannen.

1 | SCRUM

Scrum ist eine Strukturmethode des Projektmanagements, die Mitte der 90er-Jahre von Ken Schwaber und Jeff Sutherland konzipiert wurde. Es war eine klare Gegenbewegung zu den bis dahin üblichen Planungsmethoden, wie z. B. Wasserfallmethoden, bei denen der Plan zu Beginn aufgesetzt wurde, um ihn dann akribisch abzuarbeiten und nicht mehr wesentlich anzupassen. Man merkte oft erst gegen Ende, dass die Bausteine nicht zueinander passen.

Schwaber und Sutherland wollten Methoden für den erfolgreichen Abschluss von Softwareprojekten entwickeln. Denn sie hatten viele derartige Projekte scheitern sehen. Dabei suchten sie in der Wissenschaft und stießen auf einen Artikel von Hirotaka Takeuchi und Ikujiro Nonaka (Harvard Business Review 1986) „The New Product Development Game". Aus dem Artikel stammt auch der Name „Scrum". Scrum kommt aus der Sprachwelt des Rugbys und bedeutet dort den Neustart des Spiels nach einer kleineren Regelverletzung.

Die aktuelle Ausgabe des Scrum Guide, in dem die offizielle Definition von Scrum beschrieben wird, umfasst 17 Seiten und ist leicht verständlich. Was hat aber dazu geführt, dass Scrum in den Köpfen vieler Manager in den letzten Jahren als das Allheilmittel betrachtet worden ist? Was hat Scrum zur einzig wahren Wahrheit im Management werden lassen?

Klare Regeln

Entgegen dem, was viele Betrachter von außen vielleicht denken würden, sind im Scrum klare Regeln vorhanden, auch wenn dies immer wieder gerne verwässert werden.

1. **Messen des Fortschritts**
   Fortschritt wird im Scrum ausschließlich in Form von fertiggestellten Aufgabenpaketen/Produktfunktionalitäten definiert, die gut

| Agiles Arbeiten – agile Führung

geplant und messbar sind. Dabei wird geplant, welche Aufgaben/Produktfunktionalitäten in einem festgelegten Zeitraum (sogenannter „Sprint", der wenige Tage aber auch bis zu vier Wochen dauern kann) umgesetzt werden können.

2. **Klare Rollen**
   Im Scrum gibt es Rollen, die klar definiert sind und überschneidungsfrei sind:

   Product Owner: Er legt mit dem Team fest, welche Aufgaben zuerst erledigt werden sollen und welche eine niedrige Priorität haben.

   Scrum Master: Er ist der Herr der Meetings (Dailys, Groomings, Planning und Retrospektive) und hat die Verantwortung, Probleme aus dem Weg zu räumen, damit sich das Team auf die Bearbeitung der Tasks und Aufgaben konzentrieren kann.

   Entwicklungsteam: Das Team bearbeitet die Arbeitspakete, die es selbst gemeinsam mit dem Product Owner definiert hat.

3. **Transparentes Controlling**
   Der Abarbeitungsstand der Aufgaben/Produktfunktionalität fachlich wie auch technisch wird in einem tagesgenauen Controlling überprüft. Hierfür gibt es klare Meetingsmomente wie beispielsweise das Daily Scrum. Dadurch können frühzeitig Hindernisse oder Abweichungen erkannt und auch behoben werden oder Mitigationen gestartet oder adressiert werden.

4. **Weiterentwicklung und stetige Verbesserung**
   Alle zwei bis vier Wochen findet eine Retrospektive statt, bei der die Zusammenarbeit reflektiert wird. Hier ist Raum, um offen über Fehler zu sprechen. Dadurch wird die Qualität des Produktes und des Prozesses ständig verbessert.

Obwohl Scrum für die Softwareentwicklung entwickelt wurde, kann die Methode in vielen Kontexten angewandt werden.

Der Ansatz vom Scrum basiert auf dem Teamgedanken, ähnlich wie beim Fußball oder Rugby. Allerdings gilt nicht das Motto „Jeder muss immer genau das tun, was er am besten kann", sondern vielmehr das Motto „Wir unterstützen einander, um am Wichtigsten zu arbeiten".

Kontinuierliche Fortschrittsmessung anhand abgeschlossener Arbeitspakete	Klare Rollen
Transparentes Controlling	Kontinuierliche Weiterentwicklung

Abbildung 1: Vier Regeln im Scrum

Das Team gibt sich selbst die Normen und Regeln, die benötigt werden, um die tägliche Arbeit zu bewältigen.

Ich habe oft sehen müssen, wie Arbeitsweisen übernommen werden, ohne den eigentlichen Kern zu beachteten, geschweige denn zu verstehen. In der Fachliteratur spricht man vom Cargo Cult.

Natürlich kann man wie im Supermarkt den Einkaufswagen nur mit all den Produkten füllen, die einem auch schmecken. Ebenso kann man alle Mechanismen, Meetings und Strukturen des Scrum übernehmen und in den Arbeitsalltag aufnehmen, wenn aber die Prinzipien, die darunter liegen nicht verstanden werden, sind diese Praktiken leer und bedeutungslos.

Scrum fußt auf **klaren Prinzipien**, wie die Methode funktioniert.

1. **Aus Erfahrungen leitet man Erkenntnisse ab**
   Betrachtung der Ergebnisse von jedem Sprint und der gelieferten Arbeitsergebnisse im Review. Die daraus gewonnenen Erfahrungen verhelfen zur Standortbestimmung und zur Ausrichtung der nächsten Arbeitspakete.

   Dies geschieht am Ende jeden Sprints, aber auch in der Retrospektive (am Ende eines Blocks von mehreren Sprints). Während beim Review der Fokus auf der Bewertung der Qualität der Arbeitspakete

Agiles Arbeiten – agile Führung

liegt, wird in der Retrospektive die Zusammenarbeit im Prozess betrachtet.

So entsteht ein iterativer Prozess, bei dem aus den Fehlern, aber auch aus den Erfolgen der Vergangenheit gelernt wird. Wie beim Rugby gibt es einen Neustart nach dem Entdecken von Fehlern. Denn jeder Sprint wird als unabhängig von den vorherigen gesehen und bedeutet einen kleinen Neustart.

2. **Wachstum aus Erfahrung**
   Mit jedem Sprint wachsen die Erfahrung und die Geschwindigkeit. Man spricht auch vom Produktinkrement, da nach jedem Sprint ein Teil des Produktpaketes abgeschlossen wird und an neuen Paketen weitergearbeitet wird. Das Produktinkrement ist ein Messkriterium für den Fortschritt der Entwicklung, hierbei sollte sich der Takt in der Produktion mit steigender Erfahrung beschleunigen.

3. **Definierter Start, definierte Dauer, definiertes Ende**
   Der Sprint ist die Zeiteinheit im Scrum. Es ist im Team festgelegt worden, wie lange dieser dauern wird. Auch Meetings haben eine klare zeitliche Beschränkung.

4. **Faires Schätzen und Entscheiden über die Belastungen, die tragbar sind**
   Es wird der Zeitpunkt der Auslieferung definiert, aber nicht der gesamte Umfang der Auslieferung. Das Team kennt die eigenen Kapazitäten und entscheidet über die eigene Auslastung. Das Team entscheidet also final, was im Sprint wirklich umgesetzt wird.

5. **Sich selbst organisieren**
   Das Team definiert selbst, wie es arbeiten möchte. Die Mitglieder setzen eigenverantwortlich die Regeln auf und überwachen deren Einhaltung. Das Team verfolgt selbst den Prozess sowie den Fortschritt und es behebt auch Konflikte und Hindernisse selbst.

6. **Nur zusammen kann man siegen**
   Nicht jeder muss alles können, das Team muss aber möglichst jederzeit handlungsfähig sein. Dabei wird nicht eine Arbeitsteilung mit jeweils unterschiedlichen Aufgaben- und Kompetenzbereichen angestrebt, sondern eine interdisziplinäre gemeinsame Arbeit.

Diese Prinzipien sind die Grundsäulen des Projektmanagements nach der Scrum-Methode, wie sie von den beiden Gründern konzipiert wurde.

Im Jahr 2001 fand eine Konferenz in Snowbird (Utah, USA) statt. Die Teilnehmer dieser Konferenz waren unzufrieden mit der aktuellen Situation der Umsetzung von Scrum in ihren Unternehmen. Ihrer Meinung nach waren viele Unternehmen zu sehr auf die detaillierte Planung und Dokumentation ihrer Projekte und Entwicklung fokussiert, sodass sie das eigentlich Wichtige aus den Augen verloren hatten: die Anforderungen sowie die Wünsche der Kunden zu erfüllen.

Daher sollte deutlicher werden, was genau der Schwerpunkt von Scrum ist und wo die Stärke liegt. Eine Gruppe von 17 renommierten Softwareentwicklern formulierte am Ende dieses langen Konferenzwochenendes das agile Manifest (original „Manifesto for Agile Software Development" bzw. „Agile Manifesto").

Das agile Manifest basiert auf vier klaren Leitsätzen. Zur Verdeutlichung der Kernaussagen greift das agile Manifest dabei auf eine Gegenüberstellung zurück. Agile Werte werden den traditionellen Herangehensweisen in der Entwicklung sowie im Projektmanagement gegenübergestellt:

1. **Individuen und Interaktionen** sind wichtiger als Prozesse und Werkzeuge.
2. **Funktionierende Software/Produkte/Prozesse** sind wichtiger als umfassende Dokumentation.
3. **Zusammenarbeit mit dem Kunden** ist wichtiger als Vertragsverhandlungen.
4. **Reagieren auf Veränderung** ist wichtiger als das Befolgen eines Plans.

Die vier Leitsätze erklären Scrum am einfachsten, aber auch die einhergehende Agilitätsbewegung, abseits vom großen „Bullshit Bingo", das in den letzten Jahren im Zusammenhang mit Scrum teilweise gespielt wurde.

Der Mensch steht im Mittelpunkt als Mitarbeiter wie auch als User, als Produzent und Konsument. Wenn der Mensch im Vordergrund steht und mit ihm zusammengearbeitet wird, hat man das Ohr am richtigen Ort und man kann schnell Veränderungen aufnehmen und evtl. gegensteuern.

In einem meiner Scrum-Projekte konnte ich persönlich wahrnehmen, wie auf dem Weg der Konzeption sowie Entwicklung der Mensch vollkommen vergessen wurde. Zu Beginn hatte man sich den Labeln „Agilität" und „Scrum" verschrieben und sich vorgenommen, agil zu arbeiten. Zunächst wurden Kundenbefragungen durchgeführt, um einige Thesen zum neu zu schaffenden Produkt zu evaluieren. Diese Kundenstimmen wurden jedoch nur dann wirklich gehört, wenn sie zur eigenen Management-Roadmap passten.

Irgendwann trennten sich die Meinungen des Managements und des Kunden. Das Management hatte einen klaren Business Case zu erfüllen. Es wurde nicht die Frage gestellt, ob die Annahmen der Befragungen und die Antworten auf diese zu den realistischen Bedürfnissen des Kunden passen. Nach dem Launch des Produktes fühlte sich der Kunde überrumpelt von vielen Funktionen und vielem Content (der teilweise als Werbung wahrgenommen wurde). Trotzdem reagierte das Management nicht darauf, mit der Begründung, man hätte schließlich ein Business Plan einzuhalten und eine Roadmap. Der Kunde würde sich schon dran gewöhnen. Er würde sicherlich die Mehrwerte für sich erkennen und eines Tages nutzen.

Der Kunde suchte seinen eigenen Weg, die Stimme zu erheben. Das Internet war voll von negativen Kritiken zu Funktionalitäten und Produkt. Trotz vieler Meetings und Diskussionen mit der Geschäftsführung wurde nicht umgelenkt. Ich hatte das Thema mehrere Wochen lang auf die Tagesordnung gebracht und Umdenken angeregt. Leider hörte man meine Stimme nicht. Ich entschied mich bewusst, das Projekt und das Unternehmen zu verlassen, denn auf einmal wurden Scrum und Agilität nicht mehr in den Vordergrund gestellt. Der vierte Leitsatz wurde vollkommen vergessen oder begraben (Reagieren auf Veränderung ist wichtiger als das Befolgen eines Plans). Auf dem Weg wurde das Individuum vergessen, um einen Plan bzw. eine Roadmap zu befolgen. Es wurde nicht bedacht, dass der Wurm dem Fisch schmecken muss und nicht dem Angler.

Das Framework Scrum lässt sich als Gegenentwurf zur Befehls-und-Kontroll-Organisation verstehen, in der die Mitarbeiter möglichst genaue Arbeitsanweisungen erhalten. Scrum setzt auf hochqualifizierte und selbstverantwortliche Mitarbeiter, auf interdisziplinär arbeitende Entwicklungsteams. Diese erhalten ein klares Ziel, den Weg zur Umsetzung müssen sie aber selbst im Team finden. Dadurch werden Räume zur Kreativitätsentwicklung und Selbstentfaltung geschaffen.

Man könnte sagen, Scrum ermöglicht die Emanzipierung des Mitarbeiters, der nicht mehr durch die Übertragung von kleinteiligen Aufgaben entmündigt wird.

Weg vom Taylorismus, in dem man den Mitarbeiter entmündigte und ihm kleinteilige Arbeit gab, um bloß nichts falsch zu machen. Heute reagiert man auf eine hochgebildete Mitarbeiterschaft, die nach Selbstentfaltung strebt und nach Individualisierung. Scrum ermöglicht auch Ressourcen effektiv und effizient einzusetzen, denn das Team differenziert im Austausch mit dem Product Owner (der die Interessen des Produktes vertritt) wesentliche von unwesentlichen Aufgaben.

Es ist aber auch eine andere Art des Managements, der Produktentwicklung und des Projektmanagements. Hierbei soll der Mensch in den Vordergrund gestellt werden. Der Mitarbeiter und der Kunde sollen gehört werden und dürfen/müssen Einfluss nehmen in der Richtungsgabe. Der Kunde/der Stakeholder wird daher frühzeitig in das Projekt involviert. Es sollen Zwischenschritte mit den Kunden besprochen werden, um mögliche fehlende Akzeptanz beim Nutzer zu beheben und nicht am Bedarf vorbei zu entwickeln.

Scrum fordert vom Management großes Vertrauen und auch ein klares Bekenntnis zu den eigenen Mitarbeitern.

Also das Bekenntnis, dass die rekrutierten Mitarbeiter die besten auf dem Markt sind und ihren eigenen Weg gehen zum Wohl des Produktes. Diese müssen das Vertrauen und die Freiheit seitens des Managements erhalten, nur so kann sich die Kraft von Scrum entfalten. Alles andere ist ein altmodisches Wasserfallprojekt mit einigen Scrum-Aspekten und neuen zusätzlichen schicken Meetings. Die Steuerung bleibt aber vollkommen Top-down und die Kreativität und das Engagement des Einzelnen wird abgetötet.

2 | NEW WORK – NEUE ARBEIT

„Neue Arbeit", „New Work" oder „Arbeiten 4.0" sind Sammelbegriffe für alles, was in der heutigen Arbeitswelt neu ist und sich von der hierarchische Top-down-Welt abgrenzt. Unter dem Begriff New Work wird oft subsumiert: keine Hierarchie, Gratismittagessen, selbstorganisiert, menschenfreundlich, Kicker im Büro, Großraumbüros mit bunten, grellen Möbeln, bei denen sich jeder wie in einem schwedischen Möbeleinrichtungshaus fühlen kann. Tatsächlich steckt jedoch ein viel tieferer Gedanke hinter dem Begriff.

Der Begründer des New Work-Gedankens ist Frithjof Bergmann, der bis 1999 Philosophieprofessor an der Michigan University in Ann Arbor war. Seine Idee begründete er in den späten 70er-Jahren in Flint. Dort traf gerade die Automatisierungswelle die Autoindustrie. Es gab Computer anstatt Menschen entlang der Fließbänder. Frithjof Bergmann gründete in dieser Zeit das „Centrum for New Work", dort wurde eine Alternative zur Arbeit am Fließband konzipiert. Man wollte den Menschen, die sonst vor der Arbeitslosigkeit standen, eine Alternative aufzeigen.

Die Idee war, dass der Arbeiter sechs Monate in der Fabrik arbeitet und dann weitere sechs Monate das tut, was er wirklich tun möchte. Fraglich ist allerdings, ob die Arbeiter tatsächlich noch wissen, was sie wirklich tun möchten. In den letzten Jahren bin ich vielen Menschen begegnet, die durch den Arbeitsalltag verlernt hatten, sich Ziele zu setzen und zu träumen.

Bergmann spricht von der „Armut der Begierde", es fehlt die Begierde darauf, wonach man wirklich sucht und was man wirklich will. Das „Wollen" wurde in der Erziehung immer wieder abgetötet. Die Eltern haben versucht, einen zu zähmen. Der Pfarrer hat es versucht. Die Lehrer haben jahrelang in der Bildungserziehung das Wollen zähmen wollen. Es wurde dem großen Ziel der Sozialisierung gefolgt. Der Mensch soll angepasst sein, um in einem Zoo zu leben.

In einem Interview ist zu lesen, wie radikal Bergmann sich das vorstellt:

> „New Work heißt, dass man Arbeit ganz anders erleben und empfinden kann als bisher und dass man sich auf diese grundsätzliche Andersartigkeit vorbereiten muss. Das ist ein radikal neues Denken. Die Lohnarbeit ist mir unsympathisch in dem Sinn, dass sie abhängig macht und einen von Selbstständigkeit wegführt. Das ist eine Art Nachgeben, eine Zähmung. Was die Lohnarbeit aus Menschen macht, kommt mir schrecklich vor. Das gängige Jobsystem, in dem wir nur für den Lohn arbeiten, führt dazu, dass Menschen verkümmern. Sie bringt die Armut der Begierde hervor. Bei Menschen wird abgetötet, was sie wirklich, wirklich wollen."[1]

Und weiter bringt er den klaren Gegenentwurf:

> „Ohne Leidenschaft finden Menschen keinen Sinn im Leben. Leidenschaft, entfacht durch das, was man wirklich, wirklich will, ist ein grundlegender Bestandteil menschlicher Erfahrung und eine fundamentale Energiequelle."[2]

Leidenschaft als Quelle und Energie des neuen Arbeitens. Die fehlende Leidenschaft ist am einfachsten darstellbar anhand der Millionen von Menschen, die morgens beim Aufstehen am Bettrand sitzen und mit Gräuel dem Tag entgegenschauen. Die sich bereits am Montag auf den Freitagnachmittag freuen und deren einzige Sehnsucht das Wochenende ist, welches immer viel zu kurz ist.

Wenn ich an die tote Leidenschaft denke, dann denke ich meist an Samuel Becketts Zitat:

> „Tot genug, um begraben zu werden. Ich weiß nicht mehr, wann ich gestorben bin."[3]

Lange bevor man sie beerdigt, sind sie schon tot. Die Beerdigung ist die letzte Erde, die noch auf den Sarg fällt. Weil sie nicht gelebt haben.

---

1 Hornung, G. (2018). Rechtsfragen der Industrie 4.0: Datenhoheit – Verantwortlichkeit – rechtliche Grenzen der Vernetzung, S. 40 f.
2 Hornung, G. (2018). Rechtsfragen der Industrie 4.0: Datenhoheit – Verantwortlichkeit – rechtliche Grenzen der Vernetzung, S. 40 f.
3 Beckett, S. (2011). Warten auf Gordot.

Frithjof Bergmann formulierte zentrale Werte, die das Individuum braucht, um die Leidenschaft wieder zu entfachen oder nicht zu löschen:

* Selbstständigkeit
* Freiheit
* Teilhabe an der Gesellschaft

Diese zentralen Werte sollen in der neuen Arbeitswelt gelebt werden und durch eine Neustrukturierung des Arbeitslebens zum Leben erweckt werden. Er fordert, dass man die Arbeitszeit im Leben in drei Teile aufgliedert:

* 1/3 Erwerbsarbeit zum Überleben
* 1/3 Hightech-Selbstversorgung und smart consumption *(whatever that means)*
* 1/3 Arbeit, die man wirklich, wirklich will

Bergmann zeigt in seiner Radikalität eigentlich, dass die vorhandene Arbeit aufgeteilt werden kann und sich dadurch die Anzahl der Arbeitslosen vermindern würde. Man würde Lebenszeit hinzugewinnen, die man zur Selbstversorgung einsetzen könnte oder um die Arbeit zu tun, die man wirklich, wirklich will. Es geht um eine Um- und Neuverteilung der Arbeit.

> „Das Rückgrat dieser neuen Ökonomie besteht darin, dass wir unablässig und Schritt für Schritt zu einer Wirtschaftsform fortschreiten, in der wir unsere eigenen Produkte herstellen!"[4]

Mit Selbstversorgung ist hierbei nicht gemeint, dass jeder seine Hose selbst nähen oder stricken lernen muss. Er schreibt von High-Tech-Eigenproduktion und klugem Konsumieren. Das Thema High-Tech-Eigenproduktion basiert auf den Grundgedanken des MIT-Professors Neil Gershenfeld:

Er beschreibt diese Zukunft so:

> „So wie unsere Erfahrungen zu der Erkenntnis führten, dass die Demokratie besser läuft als die Monarchie, wäre das eine Zukunft, die auf einem umfassenden Zugang zu den Mitteln technischer Erfindungen aufbaut und nicht auf einer Technokratie."[5]

---

4   Bergmann, F./Schuhmacher, S. (2004). Neue Arbeit, Neue Kultur.
5   Gershenfeld, N. (2007). Fab: The Coming Revolution on Your Desktop – from Personal Computer to Personal Fabrication.

Schlussendlich stellt Gershenfeld fest, dass uns anhand der neuen Technologien die Werkzeuge in die Hand gelegt werden, selbst Produzent zu werden. Er stellt fest, dass man lediglich ca. 20.000 Dollar bräuchte, um ein kleines FabLAB, also einen privaten Maschinenpark zusammenzustellen, der es mit den Fabrikhallen von Samsung aufnehmen kann. Die neuen Technologien ermöglichen dies. Beispielsweise durch einen 3D-Drucker oder durch neue digitale Services, die entstehen können. Hierbei spricht man von Mini-Fabriken oder der sog. Fabbing-Bewegung.

Weiter charakterisiert Gershenfeld den FabLAB Ansatz mit diesem Satz:

> „Give ordinary people the right tools, and they will design and build the most extraordinary things.“[6]

Die Süddeutsche Zeitung nahm das Thema im Jahr 2010 auf und kommentierte so:

> „Die Fabbing-Bewegung macht deutlich, dass der Umbau der Welt durch die digitale Revolution nicht mit Mobiltelefon, Internet und heimischer Datenarbeit abgeschlossen ist. Was immer man in dem „Personal Fabricator“ sehen mag - ein Konsumportal, eine zukünftige Bedrohung für das Patentsystem oder ein schlagkräftiges Mittel zur Befreiung aus der selbst verschuldeten Unmündigkeit des Konsumenten.“[7]

Der Gedanke fügt sich ein in Bergmanns Idee der „Ökonomie von unten“. Hier geht es nicht um Profit, sondern um die wahren Bedürfnisse des Menschen. Die Neue Arbeit soll auf einer neuen Wirtschaftsform basieren, welche dezentral und solidarischer sein soll. Somit können einerseits neue Jobs entstehen und andererseits die Versorgung von den großen Konzernen abgekoppelt werden.

Die bunte grelle Arbeitswelt in unseren heutigen Unternehmen hat wenig gemeinsam mit den ursprünglichen Grundgedanken des New Work. Viele Unternehmen scheinen sich das New Work als neue Farbe auf die Fassade streichen zu wollen, ohne die Grundgedanken der Idee

---

6   Gershenfeld, N. (2007). Fab: The Coming Revolution on Your Desktop – from Personal Computer to Personal Fabrication.
7   Moorstedt, T. Du bist die Fabrik; in Süddeutsche Zeitung vom 10. April 2010.

wirklich umzusetzen. Die Rekrutierung der neuen Mitarbeiter ist immer wichtiger geworden, daher ist es wichtig, auf dem neusten Stand zu sein über die Modebegriffe, die draußen herumfliegen. Wenn aber die Strukturen und die Organisation sich nicht verändern werden, wird der Mitarbeiter nicht sehr lange im Unternehmen bleiben. Er wird schweigend das Haus verlassen und wird enttäuscht weiter nach außen „das wahre Ich" kommunizieren.

Sicher kann kein Unternehmen von heute auf morgen neue Strukturen aufsetzen oder können Mitarbeiter nur ein Drittel ihrer Arbeitskraft in Anspruch nehmen. Man sollte aber langsam über neue Arbeitsmodelle nachdenken, denn wir stehen vor einer neuen Automatisierungswelle, und zwar der der Roboter und der künstlichen Intelligenz. Dadurch werden wir viel weniger Arbeitskraft benötigen, dafür brauchen wir keine starre Belegschaft, die nur die Maschine bedienen kann. Wir brauchen eine gebildete, innovative und kreative Belegschaft, die über den Tellerrand hinausschaut und die Roboter nicht nur bedienen kann, sondern verstehen kann, wie diese funktionieren und wo Fehleranfälligkeiten sind. Denn der Mensch ist weiterhin smarter als die künstliche, aktuell noch dumme, Intelligenz.

3 | AGILITÄT

Was ist Agilität? Agile Führung? Agiles Management? Agile Produktentwicklung? Agile Supply Chain? Agile Organisationsstrukturen? Das ist ganz einfach beantwortet, ohne Fachchinesisch: Es ist das Gegenteil von starr! Starre Strukturen, starre Lieferketten, starre Hierarchien.

Durch die globalisierte Welt haben Organisationen lernen müssen, schnell anpassungsfähig zu sein. In den letzten Jahren haben immer mehr Ereignisse unsere Organisationen auf die Probe gestellt, der 11. September, Lehman Brothers und Finanzkrise, Immobilienblase, der Ausbruch des Vulkans Eyjafjallajökull und die Aschewolke über ganz Europa, Eurokrise, Flüchtlingskrise und zuletzt die Coronakrise.

Vollkommen unterschiedliche Ereignisse, die nicht vorhersehbar waren und auf die keine Vorbereitung möglich war. Daher müssen die Strukturen einer Organisation oder aber auch der Zusammenarbeit flexibel sein, um schnell reagieren zu können.

In der wirtschaftswissenschaftlichen Forschung spricht man von „Dynamic Capabilites". Ich liebe diesen Begriff. Es wurde bereits 1997 von David J. Teece (Dynamic Capabilities and Strategic Management) geprägt. Er bezeichnet eigentlich nichts anderes als die dynamischen Fähigkeiten eines Unternehmens, sich ständig anzupassen und von sich heraus zu innovieren und die Fähigkeit zu schaffen, u. a. neue Ideen und Ressourcen ins Unternehmen zu bringen.

Die fehlenden Dynamischen Capabilities haben zum Tod von großen Konzernen geführt wie Kodak, Olivetti, Nokia, Ericson aber auch hier in Deutschland Quelle oder Grundig. Aktuell stehen Unternehmen erneut vor großen Herausforderungen u. a.:

- Der Kampf um gute Fachkräfte: Die heutigen Mitarbeiter stellen nicht die Arbeitssicherheit in den Vordergrund, sondern persönliche Entwicklungschancen. Sie bevorzugen flache Hierarchien, Kommunikation und Transparenz sowie eine ausgewogene Work-Life-Balance. Dadurch hat der Kampf unter den Unternehmen um die guten Köpfe jetzt begonnen.
- VUCA-Zeit[8] trifft auf die Unternehmen: VUCA steht für Volatility (Unberechenbarkeit), Uncertainty (Ungewissheit), Complexity (Komplexität) und Ambiguity (Ambivalenz). Dahinter verbirgt sich die Unvorhersehbarkeit unserer Welt. In der globalisierten Welt haben sich die Einflussfaktoren vervielfacht, die den Wandel der Dinge bestimmen können.[9]

---

8   VUCA ist eine Strategiemethode, die das amerikanische Militär in den 1990er-Jahren entwickelte, um die multilaterale Welt nach dem kalten Krieg zu beschreiben. Später wurde das Konzept von Managementexperten aufgegriffen.

9   Hofert, S. (2018). Das agile Mindset: Mitarbeiter entwickeln, Zukunft der Arbeit gestalten.

– Kundenbedürfnisse verändern sich, der Kunde möchte nicht mehr alles besitzen: Der Kunde hat sich innerhalb weniger Jahre sehr stark verändert. Er möchte Produkte nicht selbst besitzen, sondern nur dann nutzen können, wenn er das möchte. Es erfüllt sich das, was der US-Soziologe und Ökonom Jeremy Rifkin in seinem Buch Access – Das Verschwinden des Eigentums bereits im Jahr 2000 prophezeite:

„Im kommenden Zeitalter treten Netzwerke an die Stelle der Märkte, und aus dem Streben nach Eigentum wird Streben nach Zugang, nach Zugriff auf das, was diese Netzwerke zu bieten haben"[10]

Ein gesellschaftlicher Wandel, der durch die verbreitete Nutzung des Internets ermöglicht wurde. Die immer stärker werdende Vernetzung der Individuen führt zur Teilung der Ressourcen und nicht wie im Kapitalismus zu immer mehr Ansammlung von Eigentum. Wichtig in der heutigen Welt ist der Zugang zum Produkt und zu Dienstleistung.

Durch das revolutionäre Umdenken mussten Branchen ihre kompletten Preismodelle ändern:

1. Auto kaufen und besitzen – Autos lediglich nutzen über Carsharing
2. Film kaufen oder leihen – streamen über Netflix
3. Musik kaufen – streamen und Zugang zu allen Arten von Musik durch Spotify

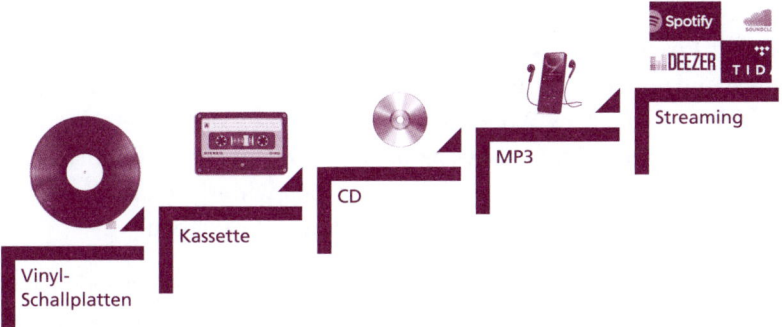

Abbildung 2: Veränderung der Musikbranche – Vinyl, Kassette, CD, MP3-Player und Streamingdienste

---

10   Rifkin, J. (2000) Access – Das Verschwinden des Eigentums.

Die Musikbranche ist ein Paradebeispiel für diese Veränderung der Kundenbedürfnisse.

– Neue Ideen, neue Technologien und Innovation revolutionieren die Branchen: Branchen haben sich innerhalb kurzer Zeitabstände vollkommen verändert. Die Erfindung neuer Technologien und die Digitalisierung vieler Produkte und Services haben Branchen vollkommen revolutioniert. Hier einige Beispiele:
  1. Die Reisebranche – Reisebüros und die Buchung der Reisen im Internet
  2. Hotellerie – Airbnb – Ferienwohnungen
  3. Buchhandel – Online-Buchbestellungen – Digitale Reader

Diese aktuellen Herausforderungen rufen in Unternehmen genau die Horrorbilder der Pleiten z. B. von Kodak hervor. Man hat Angst, die Trends zu verschlafen und keine Antworten auf die Anforderungen dieser neuen Welt zu finden.

Daher begegnen Unternehmen dieser neuen Welt mit Agilität und diese fußt genau auf den oben vorgestellten Prinzipien von Scrum. Alistar Cockburn, einer der Köpfe hinter dem agilen Manifest beschreibt vier Dinge[11]:

◆ Collaborate (Zusammenarbeiten)
◆ Deliver (Ausliefern)
◆ Reflect (Reflektieren)
◆ Improve (Verbessern)

Daher fürchtet man sich in solchen Unternehmen vor den Horrorbildern und man möchte als Unternehmen agil sein und die Instrumente wie Scrum und New Work nutzen. In dieser Zeit der Unberechenbarkeit ist es die einzige Chance zu überleben, indem man agil führt, denn auch im Fall des Corona-Lockdowns haben wir erleben müssen, wie sich alle vorangegangenen Pläne in Luft aufgelöst haben.

Agilität ist ein Sammelbegriff für den Einsatz von Methoden wie Scrum und New Work. Sie sollen den Menschen in den Vordergrund stellen und somit die Antennen auf den Markt ausrichten, um das Unternehmen anpassungsfähig zu machen sodass es schnell reagieren

---

11   vgl. Cockburn, A. (2003). Agile Software-Entwicklung,

kann. Entscheidend dabei ist aber zu verstehen, dass Agilität nicht einfach eine Methode ist, sondern eine klare Veränderung des Mindsets und des Denkens im Unternehmen. Die größten Herausforderungen in meiner Berufserfahrung lagen nie in der Einführung der Scrum-Methode, sondern vielmehr in der Schaffung von Verständnis in der Organisation und in der Verankerung der Prinzipien in den Köpfen der Führungskräfte. Führungskräfte sollen lernen zu vertrauen und loszulassen.

Kapitel 1 stellte die Grundprinzipien und die Ursprünge der drei Begriffe Scrum, New Work und Agilität heraus. Dies soll auch die Basis sein, um die nächsten Kapitel verstehen zu können und dadurch auch Fehler im Management und in der Führung in agilen Umwelten zu erkennen.

Der Grundgedanke, der in allen drei Methoden/Denkweisen/Theorien vorliegt, ist:

Der Mensch mit seiner Selbstverantwortung, Selbstorganisation und mit seinem freien Willen steht im Zentrum.

Alle Methoden gehen von einem mündigen und selbstverantwortlichen Menschen aus, der aus freiem Willen handelt und frei von allen Zwängen ist. Dies ist die Theorie.

4 | BENEDIKTINISCHE ANMERKUNGEN ZU KAPITEL 1

In der Benediktsregel und idealerweise im gelebten klösterlichen Alltag steht der eigentliche Zweck des Klosters im Zentrum: vacare deo: für Gott frei sein. Übersetzt und angewandt auf ein nicht religiöses, ökonomisch ausgerichtetes Unternehmen könnte dieser Zweck so formuliert werden: Das Unternehmen, seine Führung und seine Mitarbeiter setzen sich leidenschaftlich für das Produkt und die Kundenzufriedenheit ein. Wie kann die Führung der Menschen so gestaltet werden, dass diese Leidenschaft, die schließlich Voraussetzung für den wirtschaftlichen Erfolg ist, entfacht wird und anhält? Das gelingt nur, wenn allen, vor allem den Führungskräften, immer bewusst ist: Um das Ziel zu erreichen, bin ich auf andere Menschen angewiesen, auf ihr Engagement, ihre Zeit, ihre Talente. Dies führt zum Kernsatz jeder Unternehmensführung: der Mensch steht im Mittelpunkt. Liest man die Benediktsregel als Führungs- und Organisationshandbuch, so trifft diese Aussage ohne Zweifel den Kern aller Kapitel. Gerade im Abschnitt über den neu zu bestellenden Abt wird diese Forderung an den möglichen Kandidaten gestellt: Er denke an die maßvolle Unterscheidung des hl. Jakob, der sprach: *„Wenn ich meine Herden unterwegs überanstrenge, werden alle an einem Tage zugrunde gehen."* (RB 64,19) Das Bild des Hirten und seiner Verantwortung für die Herde kommt noch einmal zum Tragen, wenn es um die Sorge um Brüder geht, die wegen Verfehlungen vom Gemeinschaftsleben ausgeschlossen wurden: *„Er ahme den guten Hirten mit seinem Beispiel der Liebe nach: Neunundneunzig Schafe ließ er in den Bergen zurück und machte sich auf, um das eine verirrte Schaf zu suchen. Mit dessen Schwäche hatte er so viel Mitleid, dass er es auf sein Schultern nahm und so zur Herde zurücktrug."* (RB27,8f) Es sind zwar Hinweise für den Abt, wie er mit seinen Brüdern umgehen soll, also Führungsleitlinien, aber gerade darin zeigt sich, dass es um die einzelnen Mönche, seine Mitarbeiter geht. Sie stehen im Mittelpunkt. Das agile Manifest stellt im ersten Leitsatz fest: *„Individuen und Interaktionen sind wichtiger als Prozesse und Werkzeuge."* In die gleiche Kerbe schlägt der 3. Leitsatz: *„Zusammenarbeit mit dem Kunden ist wichtiger als Vertragsverhandlungen."* Die Benediktsregel kennt zwar den Begriff des Kunden nicht, aber den des Gastes: *„Gäste sollen wie Christus aufgenommen werden."* (RB 53,1), aber auch der Abnehmer klösterlicher Produkte wird fair behandelt: *„Bei der Festlegung der Preise soll sich das Übel der Habgier nicht einschleichen. Man verkaufe sogar immer etwas billiger, als es sonst außerhalb des Klosters möglich ist, damit in allem Gott verherrlicht werde."* (RB 57,7 ff.) Es ist schon überraschend, dass ausgerechnet im Kapitel 57 mit diesem Hinweis auf reelle Preisgestaltung das zum Motto des Benediktinertums gewordene Bibelwort verbunden ist: U.I.O.G.D.:

Ut in omnibus glorificetur deus (damit in allem Gott verherrlicht werde.)

Das starre Festhalten an einmal gefassten Plänen gilt als eines der größten Hindernisse für die Agilität eines Unternehmens. Dem will die Benediktsregel entgegentreten mit dem Hinweis, ja der Verpflichtung für den Abt, die Details der Regelungen an Ort und Zeit anzupassen. Anpassung ist ein Wort, das man in der Kirche, aber leider auch in Unternehmen nur dann gerne hört, wenn es um die Haltung der Mitarbeiter gegenüber ihren Vorgesetzten geht. Dass der Erfolg aber umgekehrt, in der Anpassung der Manager an die innovativen und kreativen Ressourcen ihrer Mitarbeiter liegt, geht nur sehr schwer in die Köpfe der Führungskräfte. Des Weiteren geht es um stete Anpassung an die Anforderungen der Kunden, das fällt beiden Schichten, den Führungskräften und deren Teams ebenfalls schwer. Gegen diese Starre hilft nur eine gewisse fluide, Benedikt würde vielleicht sagen: demütige, in unserem Sinn: agile innere Einstellung.

Ein deutscher Bischof sagte einmal in der Predigt bei einer Priesterweihe: *„Ich kann nur mit den Ochsen pflügen, die ich habe."* Nach dem ersten inneren Widerstand gegen den Vergleich mit Ochsen hat mich das doch an die Mahnung des hl. Benedikt erinnert, wenn er seinen Abt auffordert, nicht zu argwöhnisch zu sein, *„denn sonst kommt er nie zur Ruhe."* Beide Hinweise mahnen zum Zurücknehmen der Führungskräfte und zur realistischen Wahrnehmung der eigenen Ressourcen und dazu, die in den Mitarbeitern steckenden Talente leuchten zu lassen. Das ist ja die eigentliche Aufgabe einer Führungskraft: Sie muss den größeren Teil ihrer Zeit mit Führung verbringen und nur einen kleinen Teil mit Sachaufgaben. Nach dem Pareto-Prinzip wären es idealerweise 80 % zu 20 %. Das galt schon immer, wurde aber selten in Reinform praktiziert. In Zeiten des New Work ist es unumgänglich.

KAPITEL 2

Was macht agile Führung aus?

Was ist überhaupt agile Führung? Gibt es eine agile Führung? Oder ist Agilität nur eine Mode, die in gewisser Weise auch Führung beeinflusst? Ist es überhaupt notwendig, eine neue Art der Führung zu haben in der digitalisierten Gesellschaft oder können wir uns der Führungsmethoden der Industrialisierung bedienen?

In der Digitalisierung sind gänzlich veränderte Werte vorhanden, veränderte Umweltbedingungen, veränderte Impulse, die andere Antworten benötigen.

Wichtige Werte, die ein verändertes Führungsverhalten notwendig machen, sind:

1. Vertrauen – schenken und einfordern
2. Vermittlung von Sinn statt Zielen – Entrepreneur in the Company – Mitunternehmerschaft der Belegschaft
3. Fokus auf das Team statt auf das Individuum – Es gilt die Leistung des Teams zu optimieren
4. Iterative Arbeit – Retrospektive
5. Fehlermanagement – Umgang mit Fehlern
6. Führung mit der Zielsetzung auf eine lernende Organisation

1 FÜHRUNG IN DER AGILITÄT

Jahrelang habe ich mich als optimale Führungskraft gesehen. Bereits während des Studiums sah ich mich als die geborene Führungskraft. Der Chef, den alle lieben würden und mit dem man gerne am Abend ein Bier trinken möchte. Ich konnte damals nicht verstehen, warum so viele sich über ihre Chefs beschwerten, und dachte in meinem jugendlichen Eifer, das ist doch gar nicht so schwer. Es muss doch machbar sein, klare Grenzen zu setzen und den Mitarbeitern klare Richtlinien zu geben. Ich hatte damals sehr vereinfacht gesagt eine sehr romantische Vorstellung von Führung. Ich dachte, alle würden respektvoll mit mir umgehen und mich als den besten Chef ihres Lebens bezeichnen, sie hätten sich schon immer danach gesehnt, so einen Vorgesetzten zu haben.

In meiner damaligen Vorstellung hatte ich einiges vergessen. Mitarbeiter sind einzelne Individuen mit unterschiedlichen Köpfen, Vorerfahrungen, Charakteren und Zielen.

In meinen ersten Berufsjahren habe ich selbst sehr unterschiedliche Führungskräfte kennengelernt: Der Kontrollfreak, der einmal pro Stunde vorbeigeschaut oder angerufen hatte, um einen Report zu bekommen, was man in den letzten 60 Minuten erledigt hatte. Der Choleriker, der immer zu schreien begonnen hatte, wenn etwas schieflief. Der Egomane und Selbstverliebte, der sich am liebsten selber reden hörte, und seine Meinung als die einzig wahre wahrnimmt. Der Sanftmütige, der nie direkte und starke Kritik ausübte und stattdessen bis Mitternacht im Büro blieb, um die Fehler seiner Mitarbeiter auszumerzen. Der Diktator, der ständig Angst hatte, betrogen zu werden. Er misstraute allen und wollte zu allem ein Protokoll anfertigen lassen. Auch wenn man mit ihm nur einen kurzen Austausch hatte, verlangte er eine Niederschrift. Diese Niederschrift zog er irgendwann wieder hervor, um sie als Gegenangriff oder Argument einzusetzen. Er lief

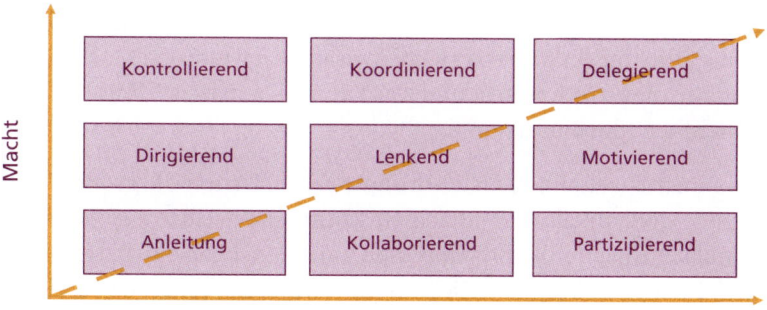

Abbildung 3: Was das Zusammenspiel von Macht und dem Grad der Zusammenarbeit über den Führungsstil aussagt
Quelle: Angelehnt an den Blog „Karrierebibel" www.karrierebibel.de/fuehrungsstile/

rot an, wenn man ihm Contra gab. Der Harmoniebedürftigte, der alle Punkte durchdiskutierte, bis alle genervt waren. Wir nannten unsere Teammeetings Kuschelecke.

Welche Arten der Führungsstile trifft man in Unternehmen? Abbildung 3 gibt einen Überblick.

Ich kann mich erinnern, dass ich mir bei jedem Einzelnen die Frage stellte, wie der jeweilige Chef zu dem geworden ist, was heute vor mir steht. Nach meiner Überzeugung sind Menschen geprägt von ihrer Vergangenheit und ihren Erfahrungen. In der Kommunikation des Einzelnen erfährt man, wie diese Vergangenheit war. Unsere Sprache ist die Visitenkarte unserer Persönlichkeit. Aus unserer Persönlichkeit können wir unseren Führungsstil erfahren, erkennen. Daher mag ich die Definition von Führungsstilen von Klaus Birker besonders gerne, da hier die die persönliche Einstellung der Führungskraft zum Ausdruck kommt:

> „Führungsstil ist die Grundhaltung und das sich daran orientierende Verhaltensmuster, mit denen jemand seine Führungsaufgaben, bezogen auf andere Einzelpersonen oder Gruppen, wahrnimmt."[12]

Daher haben mich diese Begegnungen mit diesen unterschiedlichen Führungskräften auch in meiner Person und Persönlichkeit stark geprägt. Ich habe in den letzten zehn Jahren sehr viel reflektieren dürfen, was genau mich an diesen Menschen gestört hat und jedes Mal habe ich für mich aufgeschrieben, wie ich selbst anders sein kann. Wie kann ich als Führungskraft besser sein? Was habe ich aus den Makeln meiner Führungskräfte gelernt und was kann ich anpassen? Was kann ich mitnehmen und einsetzen?

In meinem zweiten Job als Führungskraft hatte ich die große Chance und Möglichkeit, die einzelnen Mitarbeiter selbst auszuwählen. Damals hatte ich mir vorgenommen, nur Menschen einzustellen, die schlauer sind als ich. Mein Ziel war es, von diesen Menschen zu lernen. Es sollte die größte Herausforderung meines Lebens werden, die mir zudem eine Menge Stoff für dieses Buch geschenkt hat.

---

12   Birker, K. (1997). Führungsstile und Entscheidungsmethoden, S. 138.

1.1 | VERTRAUEN – SCHENKEN UND EINFORDERN

Vertrauen ist einer der wichtigsten Erfolgsfaktoren im Zusammenspiel zwischen Mitarbeiter und Führungskraft, wie ich in den letzten Jahren wahrgenommen habe.

Nur so kann ein Team erfolgreich zusammenarbeiten. Alles andere führt zu ständigen Unterstellungen, Misstrauen und einer extrem schlechten Atmosphäre.

Ich hatte einmal einen Vorgesetzten, der wirklich alles protokolliert haben wollte. Fast auch jedes Telefonat. Hintergrund war, dass er Angst hatte, man würde ihm Mist erzählen. So aber konnte er einem sofort ein Protokoll unter die Nase halten, nach dem Motto, damals hast du Folgendes behauptet. Er war der Meister des Protokollproduzierens. Alles sollte am besten per E-Mail kommuniziert werden, um niedergeschrieben zu sein. Ein weiteres interessantes Merkmal war, dass er meist mit einer Aufgabe anrief, nur um anschließend auch einen Kollegen anzurufen, dem er auftrug, er solle mich kontaktieren, ich hätte diese oder jene Aufgabe von ihm bekommen. Dadurch hatte er eine soziale Kontrolle aufgebaut, um sicherzustellen, dass ich diese Aufgabe wirklich erledigen würde. Er musst sich beständig absichern, dass Aufgaben erledigt werden. Die Methode „ich baue so viel Druck auf, so wird Kontrolle ausgeübt": Eine vollkommene Ressourcenverschwendung und schließlich Grund der völligen Demotivation des Mitarbeiters.

Interessant waren dabei die unzähligen Jours-Fixes, um einzelne Tätigkeiten zu tracken. Ja, fehlendes gegenseitiges Vertrauen führt zu purer Geldverschwendung in Organisationen. Vertrauen ist die Basis jeder Beziehung. Es entsteht, wenn sich zwei oder drei oder mehr Menschen öffnen und ihre Schwächen, Fehler, fachliche Mängel und persönlichen Probleme offenbaren. Man wird sich jedoch nur dann auch damit wohlfühlen, wenn man absolut sicher sein kann, dass diese Offenheit nicht missbraucht wird – etwa indem das Offenbarte gegen einen verwendet wird. Bei von Vertrauen geprägtem Zusammenarbeiten wird Gesagtes und Getanes im Zweifel wohlwollend ausgelegt. Man entschuldigt sich und akzeptiert Bitten um Verzeihung bereitwillig. Fehlt dagegen das Vertrauen, wird die Zusammenarbeit geprägt sein vom Taktieren, und damit wird auch die Zeit verschwendet, anstatt die Ressourcen auf die gemeinsame Aufgabe zu richten. Der US-amerikanische Autor Patrick Lencioni, der in seinem Buch „Die 5 Dysfunktionen eines Teams", die fünf Probleme, die den Erfolg eines Teams oder von Zusammenarbeit verhindern, hierarchisch in einer Pyramide ordnet, setzt als Basis und Fundament der Pyramide „das fehlende Vertrauen"[13].

Man muss aber auch ehrlich sein, dass manchmal Personen aus einem Team entfernt werden müssen, damit das Team erfolgreich sein kann. Dies gilt auch so für eine Führungskraft oder Geschäftsführung.

1.2 VERMITTLUNG VON SINN STATT ZIELEN – ENTREPRENEUR IN THE COMPANY – MITUNTERNEHMERSCHAFT DER BELEGSCHAFT

Es wurde in den letzten Jahren viel darüber geschrieben, was die Generationen Y und X möchten, und wie sich die Anforderungen geändert haben. Der zukünftige Mitarbeiter möchte nicht einfach einen Job erledigen, er möchte mitgestalten und Sinn in seinen Job sehen. Der Mitarbeiter muss sich im eigenen Job verwirklicht sehen. Hier sollten wir uns die Grundidee von Fritjhof Bergmanns New Work-Bewegung wieder in Erinnerung rufen. Der Mensch hat das Bedürfnis, in seiner Tätigkeit eine Sinnhaftigkeit zu sehen und das Gefühl der Zugehörigkeit zum Unternehmen zu verspüren.

Daher sollte ein Teil der agilen Führung dazu führen, die Grundbedürfnisse der Mitarbeiter nach Anerkennung, Zugehörigkeit, Sinnhaftigkeit und Selbstverwirklichung zu befriedigen. Ein Grundstein für die Erfüllung dieser Bedürfnisse ist es, den einzelnen Mitarbeiter

---

13   Lencioni, P. (2002) The Five Dysfunctions of a Team. A Leadership Fable.

als Mitunternehmer zu betrachten und ihn teilhaben zu lassen an der Strategie des Unternehmens. Dazu gehört auch, ihm klar vor Augen zu führen, dass seine eigene Arbeit zum Erfolg des Unternehmens beiträgt.

In der wirtschaftswissenschaftlichen Literatur spricht man auch von E-Intrapreneurship. Das bedeutet, das Unternehmen, die Geschäftsführung und die Führungskräfte müssen Rahmenbedingungen für die Mitarbeiter schaffen, sodass die Mitunternehmerschaft gelebt werden kann. Darunter verstehe ich im Übrigen nicht, dass alle Mitarbeiter Anteile am Unternehmen erhalten sollten oder müssen. Dies wäre ein nicht zu leugnender monetärer Anreiz, viel wichtiger ist allerdings:

- Unterstützung von neuen Ideen und neuen Innovationen. Die Mitarbeiter mitgestalten zu lassen. Strategien sollten nicht im dunklen Raum von einer kleinen elitären Gruppe entwickelt werden, sondern es sollten vielfältige Mitarbeiteraspekte mitaufgenommen werden. Mitarbeiter nicht nur einzubeziehen bei der Vorstellung von neuen Strategien, sondern sie auch beim Aufbau zu fragen. Man sollte nie vergessen, Mitarbeiter sind nicht nur Mitarbeiter, sondern auch Kunden. Auch Kunden von Produkten, die das Unternehmen mittelbar oder unmittelbar produziert.
- Freiräume zu schaffen. Die Angestellten benötigen einen eigenen Gestaltungsspielraum für eine ausreichende Autonomie bei der täglichen Arbeit. Dies hat eine zeitliche Komponente, aber auch eine Mindset-Komponente. Die Mitarbeiter sollen einerseits die Zeit haben, sich auch frei Gedanken zu machen, es sollen Oasen im Unternehmen geschaffen werden, in denen auch reflektiert werden kann. Andererseits soll ein Mindset im Unternehmen gelebt werden, in dem der Mitarbeiter auch frei seine Meinung äußern kann. Hierauf werde ich später im Verlauf des Buches wieder zu sprechen kommen und das Thema Kritikfähigkeit noch vertiefen.

1.3 FOKUS AUF DAS TEAM STATT AUF DAS INDIVIDUUM – ES GILT DIE LEISTUNG DES TEAMS ZU OPTIMIEREN

In der agilen Organisation kann der Einzelne alleine nichts bewegen. Nur das Team als Gesamteinheit kann erfolgreich Themen bearbeiten. Dies bedeutet nicht, dass Chaos herrschen würde und jeder alles macht. Sondern es bedeutet vielmehr, dass jeder seine Aufgaben transparent erledigt und auch so, dass seine Kollegen verstehen, was der jeder Einzelne tut. Die Kraft des Teams kann vereinzelte Lücken abdecken und so kann man sich gegenseitig aushelfen. Im Falle einer geplanten Abwesenheit sucht der betreffende Mitarbeiter seine Vertretung aus, indem er offen im Team nach Vertretung fragt. Das Team ist nicht abhängig vom Wissen einer einzelnen Person, sondern vom Wissen des Teams. Daher ist es immer wichtiger, das Team und deren Zusammenarbeit zu optimieren (siehe u. Retrospektive).

Agile Teams funktionieren dann, wenn sie die Führungskraft nicht als Steuerinstrument benötigen. Agile Teams führen sich von selbst. Ein Hochleistungsteam, in dem jedes Mitglied führen kann, erfordert:

- Die Fähigkeit, die Perspektiven der anderen voll zu ergründen und zu verstehen
- Die Fähigkeit, sich eine eigene Meinung zu bilden, die fundiert ist und Grundannahmen einbezieht
- Die Fähigkeit, die eigene Meinung zu ändern, wenn neue Informationen dies notwendig machen
- Selbstreflexion
- Ein eigenes Gewissen (also die Ausrichtung an eigenen Werten und die Orientierung daran, auch bei Einflussnahme durch andere)
- Die Fähigkeit, andere im positiven Sinn zu leiten
- Die Fähigkeit zur Kooperation mit anderen

Diese Erfordernisse habe ich besonders bemerkt, als ich für eine oder zwei Wochen krank war. Mein Team ist nicht in Panik verfallen. Im Gegenteil, sie haben ihre Arbeit verantwortungsvoller als sonst erledigt und anschließend hat sich das Team meine Termine aufgeteilt, um dann jeweils auch eine geeignete Vertretung senden zu können. Ein Hochleistungsteam benötigt Übung und Vertrauen. Ein Team kann aber nur dann zum einem Hochleistungsteam werden, wenn der Vorgesetzte dem Team vertraut und Entscheidungsfreudigkeit belohnt und nicht bestraft hat.

1.4 ITERATIVE ARBEIT – RETROSPEKTIVE – BUILD – MEASURE – LEARN-ANSATZ

Agile Führung bedeutet für mich auch, sich selbst zu hinterfragen und das Team gemeinsam zu hinterfragen. Fuck-up-Meetings, von denen ich oben bereits gesprochen habe, sind bereits ein Teil der Retrospektive. Eine Rückschau halten, abermals zurück in die Vergangenheit zu blicken und zu sehen, wie die Zusammenarbeit im Team funktioniert hat. Wie sind die Prozesse gelaufen? Persönlich habe ich mich meist alle sechs Wochen mit meinem Team zusammen dieser Aufgabe gestellt.

Immer am gleichen Tag und zur gleichen Zeit. Einfach einen Stopp einlegen und sich folgende Fragen stellen:

* Wie haben wir die letzten sechs Wochen zusammengearbeitet?
* Wie haben die Prozesse und Schnittstellen untereinander funktioniert?
* Waren die Prozesse und Strukturen eher belastend oder unterstützend?
* Haben wir uns untereinander unterstützt?

Und die letzten drei Fragen sollen auf die Zukunft gerichtet sein:

* Wie können wir die Hindernisse beheben?
* Wie können wir in den nächsten sechs Wochen Verbesserungen anbringen?
* Woran können wir Verbesserungen messen?

Meine Mitarbeiter haben diese eineinhalb Stunden immer sehr genossen. Es war eine Art Abschalten und kurz Halt machen, das uns aus dem Alltag zurücktreten ließ, um zu reflektieren. Nachzudenken, was die eigene Arbeit behindert hat und was einen tagelang oder wochenlang gestört hat. Manchmal ging es auch heiß her, da in sehr selbstverantwortlichen Teams die Mitarbeiter viel enger zusammenarbeiten und man gerne einen offenen Austausch pflegt. Eine Retrospektive verlangt aber auch den Mut von der Führungskraft, sich in aller Offenheit in Anwesenheit aller auch Kritik einfangen zu können. Oft kann man als Führungskraft ein Hindernis für die eigenen Mitarbeiter sein, da sie oft auf eine finale Entscheidung warten müssen, um die Bearbeitung von Themen fortzuführen oder abzuschließen. Als Führungskraft will man aber Entscheidungen haben, die selbstverständlich von oben wie auch von den Mitarbeitern getragen werden können. Es ist für jede Führungskraft unentbehrlich, aus dem Kreislauf der Affekte auszubrechen: Ich fühle mich beleidigt, weil ich vor allen bloßgestellt wurde. Zeigen Sie Fassung und gehen Sie auf die Themen ein. Versuchen Sie zukunftsorientierte Fragen zu stellen, wie man dafür sorgen kann, dass dieses oder jenes Thema nicht wieder aufkommt. Führungskräfte dürfen auch Schwäche zeigen und sich auch klar entschuldigen können. Man zeigt Profil, wenn man auch Fehler zugeben und eingestehen kann. Die Akzeptanz der Führungskraft wird erst recht steigen. Schlussendlich sind wir alle, von der Führungskraft bis zum Mitarbeiter in einer kontinuierlichen Verbesserungsschleife. In der Startup-Welt spricht man vom „Build – Measure – Lern"[14]-Ansatz.

1.5 | FEHLERMANAGEMENT

Eine agile Führung ist durstig nach Fehlern und nicht etwa, weil man den Mitarbeiter sanktionieren möchte, sondern weil Fehler bedeuten, dass neue Wege beschritten werden und dabei eben bisweilen auch der falsche Weg eingeschlagen wird. Wir wollen Mitarbeiter, die Entscheidungen treffen können und auch neue Wege ausprobieren wollen. Ausprobieren und Experimentieren bedeutet, Fehler eingehen zu können. Albert Einstein hat nicht plötzlich einen Genieeinfall gehabt und

---

14   Ries, E. (2011). The Lean Startup. How Todays Entrepreneurs Use Continuous Innovation to Create Radically Successful Business.

an der Tafel die Relativitätstheorie aufgeschrieben. Er hat davor zehn Jahre lang Fehler machen, und immer wieder von Neuem beginnen müssen. Von seiner ersten Veröffentlichung 1905 bis zur Vorstellung der Relativitätstheorie vergingen zehn Jahre. Hält man sich dies vor Augen, kann man auch am besten dieses Zitat von ihm verstehen, welches ich persönlich sehr mag:

> „Wer noch nie einen Fehler gemacht hat,
> hat sich noch nie an etwas Neuem versucht."[15]

Sich immer wieder an Neues zu wagen, und dann gerne auch Fehler zu machen, ist wichtig, genauso wichtig ist aber, daraus iterativ zu lernen und nicht wieder in denselben Fehler hineinzulaufen. Ich habe als Führungskraft immer wieder meine Mitarbeiter ins kalte Wasser springen lassen, direkt zum Anbeginn nach der ersten Eingewöhnungsphase ins brutale Leben gebracht. Ich habe sie gleich voll mit Aufgaben beladen. Natürlich wollte ich sie überfordern. Ich wollte aber auch, dass sie selbst Erfahrungen sammeln. Erste Misserfolge erleben und diese dann auch beheben können. Ihre Grenzen erkennen und auch in Lage sind, klar mitzuteilen, wenn sie keine Kapazitäten mehr haben.

Leider tut man sich in Deutschland besonders schwer, mit Fehlern und Misserfolgen umzugehen. Die Kinder lernen bereits im Schulsystem, dass sie keine Fehler machen dürfen. Die Fähigkeit, „out of the box" zu denken, wird dagegen nur unzureichend trainiert. Unsere Kinder werden nach ihren Fehlern bewertet und nicht danach, was sie gewagt haben. Ein befreundeter Religionslehrer erzählte mir vom Zwiespalt, den er bei der Bewertung eines Schülers in der Mittelstufe hatte. Der Schüler sollte in einer Stegreifaufgabe folgende Frage beantworten, die sich auf die Hausaufgabe der letzten Stunde bezog: Worin unterschieden sich die Lebenseinstellungen von Martha und Maria gemäß dem Lukas-Evangelium?

Der Schüler hatte folgende Antwort geschrieben: Leider konnte ich mich gestern nicht mit dieser Aufgabe beschäftigen, da ich den kleinen Prinzen gelesen habe und so verzaubert von der Geschichte war.

---

15 Calaprice, A. (2007): Einstein sagt Zitate, Einfälle und Gedanken, S. 147.

Damit hatte der Schüler auf den ersten Blick die Frage eindeutig nicht beantwortet. Allerdings hat er damit genauso wie Maria im Lukas-Evangelium gehandelt, indem er nicht – wie Martha – seine Pflichten erfüllt hat, sondern sich dem Zauber der Erzählung von Antoine de Saint-Exupéry hingegeben hat. Sehr wahrscheinlich dürfte die Lektüre des kleinen Prinzen für den Schüler wichtiger und prägender für sein Leben sein als die Kenntnis einzelner Passagen des Lukas-Evangeliums. Im Lukas-Evangelium hat Jesus Maria gegenüber Martha verteidigt. Sollte der Lehrer nun den Schüler mit null Punkten bestrafen?

In unserer mitteleuropäischen Gesellschaft wird man – im Gegensatz zur angelsächsischen Gesellschaft – sehr viel rascher als „Gescheiterter" abgestempelt, wenn man ein Unternehmen gegen die Wand gefahren hat, beispielsweise, weil sich eine wagemutige Idee als nicht umsetzbar erwiesen hat. Das wäre vielleicht nicht allzu schlimm, wenn es nur die Verurteilung durch das Umfeld bedeuten würde. Durch das Schufa-System, worauf viele Finanzdienstleister aufbauen, wird man allerdings auch Jahre nach einer Insolvenz von Banken keinen Kredit erhalten können. Selbst das Abschließen eines Mobilfunkvertrags oder das Mieten einer Wohnung wird für einen „Gescheiterten" zum Problem. Es zählt ausschließlich das Rating auf einem Dokument. Die Gründe für dieses Rating erscheinen dagegen irrelevant. Dabei wäre es häufig sinnvoller, nicht diese vergangenheitsbasierten Zahlen zu betrachten, sondern den jeweiligen Menschen mit seiner Geschichte und seinen Zukunftsplänen. Die Gründe für vermeintliches Scheitern können vielfältig sein – und vielleicht können sich diejenigen, die eine Eins im Fach Religion haben, in einigen Jahren überhaupt nicht mehr an Martha und Maria erinnern, während der Schüler mit der schlechten Note aus der Lektüre des kleinen Prinzen wesentliche Schlussfolgerungen gezogen hat, die ihn sein gesamtes Leben prägen. Die heutige Welt sowie unsere Lebensläufe sind komplizierter geworden, sie können nicht einfach so in ein Korsett eingespannt werden.

Die Fehler in meinem Leben haben mich immer nach vorne gebracht. Sie haben mich dazu gebracht, die Richtung anzupassen und ich hatte immer die Kraft, aus der Asche meiner Fehler aufzustehen und nach vorne zu schauen.

In meinen ersten Teams, die ich als Führungskraft geführt habe, habe ich einmal alle sechs Wochen ein Fuck-up-Event durchgeführt. Meist verbunden mit einem Feierabendbier, da hatte jeder drei Minuten Zeit, den größten Fehler in den letzten zwei Monaten zu schildern. Das konnte banal, aber auch was Großes sein. Am Ende sollte man aber sagen, was man daraus gelernt hat und was man in Zukunft nicht mehr machen wird. Auf jede Schilderung wurde angestoßen und die Laune damit immer besser und lockerer.

Das Feiern von Fehlern hilft nicht nur einem selbst, wieder ins Reine zu kommen. Man gesteht sich schließlich nicht nur persönlich seinen Fehler ein, sondern man macht sich auch menschlicher gegenüber dem Team. Interessant hierbei ist, dass das auch etwas in dem Team auslöst. Das Team lernt aus den Erfahrungen der anderen und man wird experimentierfreudiger, weil man erkennt, dass Fehler zu machen ok ist. Schließlich ist man auch in seinem Job menschlich. Wichtig ist hierbei, dass auch die Führungskräfte sich mit eigenen Fehlern outen und bereit sind, klar Stellung zu beziehen.

So habe ich den Umgang mit Fehler ritualisiert und habe meinem Team dazu verholfen, sich selbst für Neues und für Experimente zu öffnen.

2 FÜHRUNG HIN ZU EINER LERNENDEN ORGANISATION

Eine lernende Organisation zu sein bzw. zu werden sollte das Gesamtziel der Organisation sein. Denn lernend bedeutet, dass das Individuum sich weiterentwickeln kann und durch ihn auch das Unternehmen.

Eine Führung mit dem Ziel der lernenden Organisation gibt eine Vision vor. Er/Sie kommuniziert viel mit dem Team und motiviert sie. Er/

Sie versteht sich als Coach und als dienende Führungskraft. Zum Verständnis der dienenden Führungskraft wird dieser Begriff im folgenden Kapitel ausführlicher besprochen.

Man unterscheidet zwischen Führung von oben, Führung von der Seite, Führung von unten und Führung von außen. Wie soll man da als Führungskraft durchblicken?

Die Führung von oben gibt eine Vision. Kommuniziert viel mit Team und Organisation und motiviert. Die Führung von der Seite führt anhand von Strukturen zur Schaffung einer Umgebung selbstständiger hochmotivierter Mitarbeiter. Die Führungskraft unterstützt und räumt Hindernisse aus dem Weg. Sie löst Konflikte im Team. Wenn das Team nicht richtig motiviert ist, versucht die Führungskraft ihm als Coach zur Seite zu stehen.

Man soll den Mitarbeiter anregen und motivieren, immer neue Ideen zu entwickeln und das eigene Produkt und die eigene Dienstleistung zu verbessern.

Die Idee ist spannend und klingt auch ganz cool, solange das Team nur aus jungen hochmotivierten Mitarbeitern besteht. Was geschieht, wenn man Mitarbeiter im Team hat, die schon seit 20 Jahren im Unternehmen sind und man diese von der Idee überzeugen soll?

Lernen bringt das Unternehmen voran und wenn das Unternehmen vorangebracht wird, dann sind auch die Arbeitsplätze der Einzelnen gesichert.

Einmal sagte ein Mitarbeiter in einer Bank Folgendes zu mir: „Ich bin seit 30 Jahren in diesem Unternehmen und ich freue mich schon auf meine Rente. Ich misstraue allem, was von oben kommt. Ich habe schon so viele Lügen gehört."

Was soll man einem solchen Mitarbeiter von lernenden Organisationen erzählen? Ich glaube, agile Führung sollte auch den Mut haben zu sagen, es gibt Menschen, die den gemeinsamen Weg nicht gehen wollen. Ich kann sie nicht umerziehen, ich kann ihn höchstens inspirieren über die Begeisterung der anderen.

Ich fasste auch den Mut ihm von Angesicht zu Angesicht zu sagen: „Ich respektiere deine Meinung und ich kenne die Vergangenheit dieses

Hauses nicht. Wichtig ist mir nur, dass du die Meinung und Begeisterung der anderen respektierst und anderen Mitarbeiter nicht deren Träume und Engagement raubst."

Er war richtig überrascht, dass ich gar nicht versuchte ihn zu überreden oder ihm etwas verkaufen wollte.

Ich kann hier allerdings von keinem Happy End erzählen, er blieb in der Zeit, als ich dort Führungskraft war, stets missmutig, aber er respektierte die anderen. Dies führte dazu, dass ihn die anderen nicht sehr ernst nahmen, und ihn nicht in Diskussionen integrierten. Man fragte ihn immer wieder nur fachliche Themen. Er kannte sich darin bestens aus und war eine fachliche Bereicherung für das Unternehmen.

Was lehrt uns dies? Man sollte genau überlegen, worin man die Ressourcen investiert. Man sollte keine bereits verlorenen Kämpfe ausfechten.

Am Ende dieses Kapitels würde ich gerne zusammenfassend mit einem Bild mein Verständnis von agiler Führung, welches ich in den letzten Jahren in der Praxis ausbilden konnte, illustrieren.

Agile Führung basiert meiner Meinung nach auf zwei Ebenen, der organisationellen und der individuellen. Man kann nicht agil führen, wenn man nicht beide Aspekte berücksichtigt und beide Perspektiven betrachtet. Auf der Organisationsebene muss ein agiles Verhalten

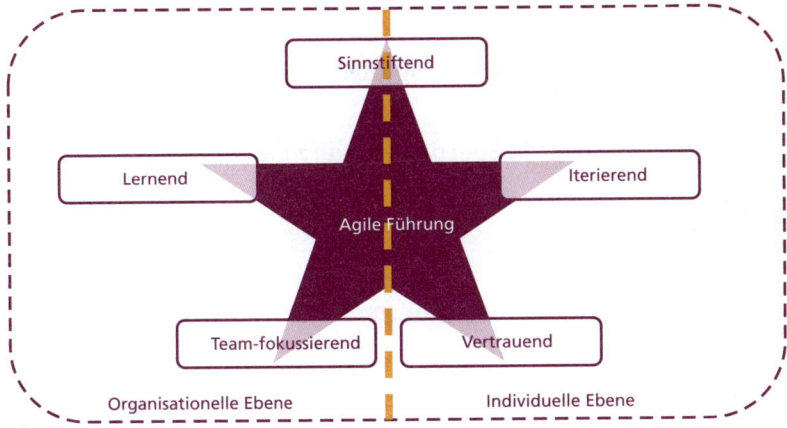

Abbildung 4: Agiler Führungsstern

gewollt und gefördert werden. Auf individueller Ebene soll ein Spirit geschaffen werden, der Selbstverantwortung fördert, indem Mitarbeiterinnen und Mitarbeiter experimentieren können, berechtigt und ermutigt sind, Entscheidungen zu treffen, und auch aus den falschen Entscheidungen etwas lernen können. Hierbei soll man auch den Mut haben, falsche Entscheidungen nicht schönreden zu wollen, sondern klar diese als falsch zu betiteln und eher zu analysieren, was der Einzelne und auch das gesamte Team daraus lernen können.

Abbildung 4 zeigt, wie agile Führung sein soll und welche Komponenten sie umfassen sollte:

Sinnstiftend, iterierend, vertrauend, team-fokussierend und lernend.

Zwei Aspekte davon, wie agile Führung gelebt werden soll, sind mir noch wichtig, nämlich

Vollumfänglichkeit und angemessene Geschwindigkeit.

Die Begriffe aus dem Führungsstern müssen im Alltag von der Führungskraft vollumfänglich gelebt werden. Die Etablierung und Fokus-

Wir arbeiten in

agilen Teams

 kleine Spezialeinheiten

 Speed durch kurze Releasezyklen

moderne Arbeitstechnologien

 enger Austausch zwischen den Bereichen

motivierender Team-Spirit

Abbildung 5: Stellenausschreibung auf einer Karriereseite

sierung auf den Führungsstern der Agilität sollte im Fokus der agilen Führung stehen. Hierdurch wird der Nährboden bereitet, um agile Führungskräfte und agile Mitarbeiter wachsen zu lassen. Leider kann ich aus meiner Erfahrung berichten, dass „agile Führung" häufig darin besteht, dass zwei oder drei Schlagworte genannt werden, und man dadurch tatsächlich nur den Eindruck vermittelt, man sei agil, ohne es in Wirklichkeit zu sein.

Faszinierend finde ich, welche Schlagworte dafür meist ausgewählt werden. In Stellenausschreibungen lese ich oft „Team-fokussiert; schnell; kleine Einheiten".

Um eine agile Führung zu erreichen, reicht es nicht aus, Team-fokussiert zu sein, auf das Team zu vertrauen und aufeinander bauen zu können. Man muss zusammen in der Organisation lernen und sich weiterentwickeln durch das Experimentieren und Fehler machen. Außerdem sollte man dem Individuum und dem Unternehmen eine klare Vision geben.

Das Wort „agil" mag im Employer Branding sexy sein, aber die enttäuschende Realität wird ein Mitarbeiter im Zweifel bereits sehr schnell auch schon in der Probezeit erkennen.

Eine weitere wichtige Komponente für die Einführung von agiler Führung ist die Geschwindigkeit. Die Erfüllung der Prinzipien aus dem Führungsstern in einer Führungskultur benötigt auch den richtigen Mitarbeiter. Mitarbeiter sollten darauf vorbereitet werden, indem ihnen das entsprechende Mindset nähergebracht wird. Eine Veränderung des Mindsets ist nicht durch einen zweitägigen Workshop zu bewerkstelligen. Man muss den Mitarbeitern und der Organisation als Ganzes die nötige Zeit zur Veränderung geben. Jeder hat dabei seine eigene Geschwindigkeit. Soll man also auf alle Mitarbeiter warten?

In den letzten Jahren habe ich eher das Gegenteil in Unternehmen gesehen. Begeisterte Vorstände haben ihre Unternehmen vollkommen überfordert, indem sie sie in wenigen Monaten vollkommen verändern wollten. Agilität wurde zum Small Talk beim Abendessen. Wie oft war ich bei Freunden zu Hause, die erzählten, welche neue Agilitätsideen in den jeweiligen Unternehmen ausgedacht wurden. Sie schmunzelten über Scrum Masters, die eine ruhige Kugel schieben würden und über

Projekte, die nun kein Ende fänden, weil agil bedeuten würde, dass man sich nicht festlegen will.

Halbwissen schleicht durch die Gänge der Unternehmen und erstickt den Veränderungswillen im Keim. So werden die Stimmung sowie die Motivation der Mitarbeiter vollkommen im Boden versenkt.

Das ist es, was 2016 beispielsweise in der deutschen Tochtergesellschaft einer ausländischen Bank geschehen ist. Damals waren 82 Prozent der Mitarbeiter der Bank zufrieden mit ihrem Arbeitsplatz. 2019 dagegen brach der Wert regelrecht ein auf 57 Prozent. Das hatte eine Mitarbeiterbefragung im Oktober 2019 ergeben. Warum die Stimmung so zusammenbrach, verrieten einige Mitarbeiter auf der Plattform Kununu in anonymer Weise.

„Arbeitsatmosphäre

Arbeitsatmosphäre ist durch die „agile Transformation" größtenteils in den Keller gezogen worden. Agil um jeden Preis in Rekordzeit kann nicht unbedingt funktionieren. Es werden funktionierende Prozesse eingedampft und neue Prozesse sind unklar. IT-Systeme mit dem Monolithen sind sehr instabil. Zu viele Externe (mittlerweile Inder, die sind billiger). Gefühlt vertraut man oft seinen eigenen Mitarbeitern nicht. Hier wird meines Erachtens bei der Regulatorik deutlich übers Ziel hinausgeschossen.

Kollegenzusammenhalt

Wird schlechter, ist aber immer noch gut. Wenn das nicht so wäre, würde es glaube ich schon deutlich schlechter aussehen. ABER, nachdem schon viel umstrukturiert wurde, fühlen sich viele für ihre „alten" Themen nicht mehr verantwortlich, obwohl es keine Nachfolger gibt.

Vorgesetztenverhalten

In einem Wort: Schlecht. Es gibt diverse Fehlbesetzungen. Die neuen Rollen in der agilen Welt (Stichwort Product Owner) werden zwar besetzt, disziplinarische Vorgesetzte entscheiden trotzdem alles über deren Köpfe hinweg. Teilweise wird über Teamgrenzen hinweg Unterschiedliches von ein und derselben Person kommuniziert. [...]

Arbeitsbedingungen

„Nachverdichtete" Großraumbüros, sehr laut, Umgestaltung hin zu „agilen" Flächen wird schon länger versprochen, gemacht wird nichts. Lautstärke unerträglich. Agil arbeiten wird dadurch nicht unterstützt.[16]

Diese Faktoren lassen keinen anderen Schluss zu, als keine Empfehlung an andere Arbeitnehmer auszusprechen. So sieht es auch ein Kollege des eben zitierten Mitarbeiters:[17]

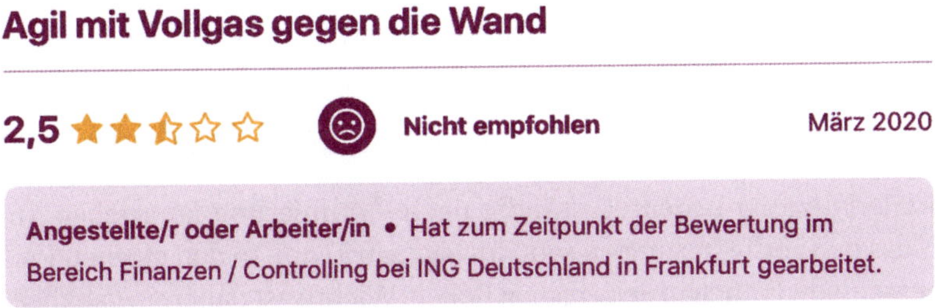

Agil mit Vollgas gegen die Wand

2,5 ★★⯪☆☆   **Nicht empfohlen**   März 2020

Angestellte/r oder Arbeiter/in • Hat zum Zeitpunkt der Bewertung im Bereich Finanzen / Controlling bei ING Deutschland in Frankfurt gearbeitet.

Abbildung 6: Das Fazit eines ehemaligen Angestellten
Quelle: https://www.kununu.com/de/ing-de/bewertung/a8badc6f-d292-4066-b1bc-8791c1388082

Im Geschäftsbericht des Jahres 2018 wurden die offensichtlichen Probleme bei der Implementierung agiler Arbeitsweisen nicht erwähnt. Stattdessen wird bekräftigt, dass die Transformation bis zum Jahr 2019 abgeschlossen sein soll.

---

16 https://www.kununu.com/de/ing-de/bewertung/3ecfbe60-14d4-42f8-bf95-4eddbe0e91b3
17 https://www.kununu.com/de/ing-de/bewertung/a8badc6f-d292-4066-b1bc-8791c1388082

„Damit wir künftig noch schneller auf die Bedürfnisse unserer Kunden reagieren können, haben wir 2018 begonnen, die gesamte Bank zur ersten agilen Bank Deutschlands umzubauen. Wir ändern nicht nur die gesamte Organisationsstruktur, sondern auch unsere Arbeitsweise. Durch Teams, die mehr Eigenverantwortung haben und interdisziplinär arbeiten, können wir Kundenwünsche nicht nur schneller erkennen, sondern auch umsetzen. Bis zum Sommer 2019 wollen wir alle Bereiche der Bank transformiert haben."[18]

Das genannte Unternehmen ist ein Paradebeispiel für die Überforderung der Mitarbeiter durch zu schnellen Einsatz von neuen Methoden und Techniken, für die zuvor nicht sorgsam die Fundamente gelegt worden sind. Die Mitarbeiter werden mit Umstellungen konfrontiert, ohne dass sie zuvor von den Vorteilen und dem Mehrwert dieser Umstellungen überzeugt worden sind.

Agile Führung findet in Organisationen statt, die bewusst entschieden haben, auf die grundlegenden Prinzipien der Agilität zu setzen.

Sinnstiftend, iterierend, vertrauend, team-fokussierend und lernend.

Agile Führung bedeutet, ständig nach Optimierung zu streben. Im Fluss der Verbesserung zu sein, im eigenen Team, in den eigenen Prozessen, sowie auch in den eigenen Rollen. Wichtig ist dabei ein ganzheitlicher Ansatz, der nicht nur die Elemente herauspickt, die als spannend oder sexy bewertet werden, sondern auch die Aspekte berücksichtigt, die vielleicht etwas schwieriger umzusetzen sind. Die Umsetzung dieser Aspekte kann nicht von heute auf morgen erfolgen, sondern bedarf Zeit, damit die Mitarbeiter von den neuen Methoden überzeugt werden können und die neuen Arbeitsweisen schrittweise erlernen können. Der Mensch braucht seine Zeit für eine solche Veränderung. Viele Mitarbeiter haben über Jahrzehnte dieselbe Organisationsstruktur kennengelernt, gehasst oder lieben gelernt oder sich schlicht damit abgefunden. Sie haben die Sicherheit gefunden, nichts Neues erlernen zu müssen, die Sicherheit, dass klare Prozesse den Alltag prägen. Dass eine Führungskraft klare Vorgaben gibt und klare Grenzen setzt. Auf

---

18 https://www.ing.de/binaries/content/assets/pdf/ueber-uns/presse/publikationen/geschaftsbericht-2018-der-ing-holding-deutschland-gmbh.pdf

Agiles Arbeiten – agile Führung

einmal ist nicht mal mehr die Führung sicher. Agile Führung sollte portioniert eingeführt werden und dabei auch Schritt für Schritt mit den Mitarbeitern besprochen werden.

3 | BENEDIKTINISCHE ANMERKUNGEN ZU KAPITEL 2

Was macht agile Führung aus? Um die Grundsätze von Führung zu verstehen, die Benedikt in seiner Regel vorlegt, hilft vor allem die Lektüre von zwei Abschnitten. Das 2. Kapitel: Wie der Abt sein soll. Und das 64. Kapitel: Einsetzung und Dienst des Abtes. In beiden Abschnitten werden die Anforderungen an diesen Führungsdienst detailliert aufgezählt. Natürlich ist der Abt in seinem Kloster eine Art Monarch, dem „Ehrfurcht und Gehorsam" geschuldet wird. Aber gleichzeitig wird er verpflichtet zu Achtsamkeit, zum Einholen des Rates seiner Mönche und zur Anpassung an die Verschiedenheit der Charaktere und Talente der Brüder.

Bei der Beschreibung agiler Führung fallen vier Stichworte auf: Vertrauen, Sinn, Fokus auf das Team und Lernbereitschaft.

Menschen suchen einen Sinn in ihrem Leben und Arbeiten. Der Liedermacher Konstantin Wecker hat einmal gesagt: Der Sinn des Lebens ist das Leben selbst. Das klingt einfach und ist doch schwierig zu erkennen. Viele Menschen jagen allen möglichen Dingen nach, von denen sie sich Sinnstiftung erhoffen: Mobilität, Reichtum, Karriere, Beziehungen, um nur einige der häufigsten Ziele zu nennen. Im Kloster geht es nur um den einen Sinn, der schon einmal genannt wurde: vacare deo (für Gott frei sein). Freiheit von Zweitrangigem ist nur möglich, wenn man sich für das Erstrangige entscheidet. Diese Idee steht dahinter und stiftet Sinn, macht ein Leben in Freiheit erst möglich. Dann erhält auch die Arbeit, die den Möglichkeiten des Einzelnen gemäß gesucht und geleistet wird, ihren Sinn als Beitrag zum Ganzen. Benedikt beschreibt es im Prolog zu seiner Regel mit Emphase ungefähr so: „Wer aber auf diesem Weg voranschreitet, dem wird das Herz weit und er läuft in unsagbarem Glück der Liebe zum Ziel."

Um sich in der Gemeinschaft des Klosters geborgen zu fühlen, braucht es einen Kitt: gegenseitiges Vertrauen. Der Abt bedenke immer, wie er angesprochen wird; Herr und Abt. Unser deutsches Wort Abt leitete sich vom Griechischen und Lateinischen abbas her. In beiden Sprachen ist es ein Lehnwort aus dem Aramäischen, einer dem Hebräischen verwandten Sprache, wie sie zur Zeit Jesu und der ersten Mönche in Syrien und Palästina gesprochen wurde. Aramäisch wird heute noch gesprochen in den Grenzgebieten zwischen Syrien und der Türkei. Das aramäische Wort abba bedeutet: verehrenswerter Mann, Vater. Die Führungskraft im Kloster, der Abt, versteht sich als Vater der Gemeinschaft. Ein ähnliches Verständnis ihrer Stellung im Unternehmen hatten auch die großen Gründerfiguren der Industrieunternehmen im wilhelminischen Kaiserreich, etwa ein Werner von Siemens oder Alfred Krupp. Sie agierten als Patriarchen ihrer Unternehmen, die Fürsorge für ihre Mitarbeiter mit strikter Hierarchie verbanden. Natürlich lehnen wir Heutigen den sogenannten „patriarchalischen" Führungsstil zumindest in der Theorie ab. Darunter versteht man das Führen von oben, mit klaren Anweisungen, die umgehend befolgt werden und denen nicht widersprochen wird. Mit der Vaterfigur haben die Alten aber etwas anderes verbunden. Der Vater ist der Vorstand von Haus und Hof, dessen Hauptaufgabe darin besteht, ein Kümmerer zu sein für seine Familie, das Gesinde, das Vieh, den Grundbesitz und dessen Bewirtschaftung. Es war zwar die Beschreibung von Dominanz, aber immer verbunden mit der Verpflichtung, dem Ganzen zu dienen. Funktionieren konnte dieser Verbund nur, wenn alle einander vertrauten. Besonders der Hausvater musste eine Vertrauensperson sein. Vertrauen ist eine der Voraussetzungen für ein gemeinsames Verfolgen von Zielen. Ohne grundsätzliches Vertrauen gehorchen die Soldaten nicht den Befehlen ihrer Offiziere und Unteroffiziere.

Aufgabe des Abtes in seinem Kloster ist es auch, die Balance zwischen der Individualität des Einzelnen und den Bedürfnissen der Gemeinschaft herzustellen. Der Einzelne muss sich einfügen in die gemeinsamen Ziele und Aufgaben. Aber innerhalb dieser Grenzen darf er und muss es ihm möglich sein, seine Individualität einzubringen, sein Selbst zum Klingen zu bringen. Vom Ich zum Wir und wieder zurück. Tatsächlich ist es so, dass man nirgendwo sonst so viele zum Teil auch schrullige Individualisten findet wie in einem Mönchs- oder Nonnenkonvent, der aber von außen meist als ein Monolith wahrgenommen wird.

Benedikt beschreibt in seiner Regel das Kloster als eine Schule des Herrendienstes. Man ist nie fertig als Mönch, sondern sein Leben lang ein Lernender. Man lernt mehr durch das Beispiel als durch kluge Reden und Vorträge. Wenn man von Selbstoptimierung spricht, klingt das oft sehr egoistisch und künstlich. Aber im Mönchsleben ist es wichtig, sich seiner Unvollkommenheit immer bewusst zu sein. Es ist ein Weg, auf dem man sich befindet, der Weg des Lebens ist nicht immer leicht und eben, sondern oft steinig und schwierig. Man macht Fehler und Umwege. Daher gilt es, im Kloster wie im Unternehmen, Fehler als Gelegenheiten zum Lernen und damit zur Verbesserung zu erkennen. Aus dieser grundlegenden Sicht der zum Lernen befähigenden Schule speiste sich nicht zuletzt auch die Bildungsaufgabe der Klöster.

Familien brachten ihre Kinder in die Klosterschulen, wo sie die Bildungs- und Kulturgüter, die aus der Antike in den Klosterbibliotheken überdauerten, kennenlernten. Dies bedeutete für die lehrenden Mönche, sich selbst ständig fortzubilden und auf dem Laufenden zu halten. Ein populäres Beispiel ist die Braukunst, die viele Menschen mit den Klöstern verbinden. Das ganze Mittelalter hindurch war das Brauen eine Sache der Hausfrau. So wie sie Brot zu backen hatte, sorgte sie sich um das Bier. Der Sudkessel war Teil der Küche. Damit war er auch Teil der Klosterküche. So ist es noch heute zu ersehen aus dem sogenannten Klosterplan von St. Gallen, der das Modell eines idealen Klosterbaus darstellt. Da findet man gleich mehrere Brauhäuser für die verschiedenen Sorten. Die Mönche konnten in ihrer Bibliothek Literatur zur Braukunst finden, so die berühmte Naturalis Historia (Naturgeschichte) des römischen Schriftstellers Plinius des Älteren. Eines der großen Probleme bei der Herstellung und Lagerung von Bier ist die Haltbarmachung. In der Geschichte wurden viele unterschiedliche Mittel verwendet. Dazu zählten Eichenrinde und Kräuter wie Myrte oder Johanniskraut und berauschende Kräuter wie Bilsenkraut und Stechapfel. Die Mönche, die sich spezialisierten, experimentierten und fanden bei Plinius den Hinweis auf den Hopfen. Seither gehört die Hopfengabe mit ihrer feinen Bitterkeit zum guten Bier. Ein wunderschönes Beispiel für Innovation durch Wiederentdeckung einer alten Weisheit.

KAPITEL 3

Führungskraft ohne Macht – Führungskraft mit Freiheit

Viele junge Führungskräfte erleben nach ihrer lang ersehnten Beförderung eine große Überraschung. Jahrelang haben sie darauf hingearbeitet, Führungsverantwortung zu übernehmen, sie haben sich vorgestellt, wie es sein wird, wenn sie eine Abteilung oder auch eine größere Einheit leiten werden. Schließlich sind sie an ihrem Ziel angelangt und stellen fest, dass eigentlich alles ganz anders ist, als sie es sich vorgestellt haben.

Auch ich habe mich bereits während meines Studiums als Führungskraft gesehen und mir vorgestellt, wie es sein würde, wenn ich eines Tages ein großes Unternehmen leiten werde. Ich würde – so dachte ich – von allen respektiert werden und mein Wort würde großes Gewicht haben.

	Traditionelle Führung	Agile Führung
Verantwortung	Man hat eine zugewiesene Stelle, die in der Stellenbeschreibung klar dargestellt wird.	Man hat eine zugewiesene Rolle, die zeitlich ist. Der Mitarbeiter schlüpft immer in neuen Rollen
Hierarchie	Diejenigen, die Entscheidungen treffen	Regeln und Prozesse werden gemeinsam entschieden
Zielvereinbarung	Einzelleistungen	Teamleistung
Information	Selektiv (Informationsungleichgewicht)	Vollständig (alle Informationen stehen allen zur Verfügung)
Fokus	Die Struktur am Laufen halten	Die Struktur und Prozesse stetig zu verbessern
Zweck der Führung	Gibt klare Ziele vor	Schafft Freiräume für das Team
Aufgaben	Planung, Entscheidung, Delegieren	Beobachtung und Rückmeldung am Team, Delegieren, planen
Fähigkeiten	Gestaltet Geschäftsprozesse	Gestaltet Kommunikations- und Teamprozesse
Ergebniskontrolle	Erfolg wird gemessen und Misserfolg bestraft	Bewertung der Ergebnisse und nicht der Person, Fokus auf die Lernschleife

Abbildung 7: Unterschiede zwischen traditioneller und agiler Führung

Die Realität sah dann anders aus: Als ich langsam Verantwortung übernahm, hatte sich die Unternehmenslandschaft verändert und plötzlich
war agile Führung angesagt. Im vorherigen Kapitel habe ich dargestellt,
was agile Führung ausmacht. Um die heutige Rolle der Führungskraft
zu verstehen sollten wir ein besseres Verständnis bekommen, wie sich
die traditionelle Führung von der agilen Führung unterscheidet.

Anhand der Gegenüberstellung lassen sich die charakteristischen Eigenschaften einer agilen Führungskraft erkennen. Die agile Führungskraft
bewertet, steuert und kontrolliert die Mitarbeiter nicht mehr. Vielmehr
überprüft sie die Erfüllung der Ziele und bewertet die Ergebnisse und
nicht die Personen. Die Führungskraft vertraut auf die Erledigung der
Aufgaben durch das Team. Die gewonnene Zeit und Ressourcen können
eingesetzt werden für die strategischen Aufgaben – und die wichtigste
strategische Aufgabe ist die Förderung und Entwicklung des Teams, der
Zusammenarbeit des Teams und der Lernschleifen im Team.

Sehr gut dargestellt sind die Prinzipien, die Google seinen Führungskräften an die Hand gibt, um eine gute agile Führungskraft zu sein.
Für Google bestehen die Prinzipien agiler Führungskräfte aus folgenden Eigenschaften:

Eine gute Führungskraft ist …
ein guter Coach.
befähigt das Team zur Lösung von Aufgaben, und hält sich aus Kleinigkeiten heraus.
interessiert am Erfolg und am Wohlergehen des Teams.
produktiv und ergebnisorientiert.
ein guter Kommunikator und hört dem Team zu.
unterstützt die Mitarbeiter darin immer besser zu werden (auch wenn da-durch der Mitarbeiter fachlich besser wird als die Führungskraft).
liefert eine klare Vision und eine nachvollziehbare Strategie zur Erreichung (und involviert das Team in die strategische Planung).
besitzt die fachlichen Fähigkeiten, um das Team optimal beraten zu können.

Abbildung 8: Googles Key Qualities of Leadership nach Sean P. Murray[19]

---

19   Sean P. Murray; http://www.businessinsider.com/8-traits-of-stellar-mana-
     gers-defined-by-googlers-2011-3#

Ein neuer Typus von Führungskraft ist also gefragt – aber wer teilt dies der aktuellen Führungsriege mit? Jeder, der schon einmal in einem größeren Unternehmen gearbeitet hat, weiß, dass nur die wenigstens Führungskräfte alle acht genannten Eigenschaften besitzen. Meistens zeichnen sich die Führungskräfte durch ein sehr starkes Selbstbewusstsein aus und bewegen sich wie kleine, absolutistische Landesfürsten durch ihre jeweiligen Reiche bzw. Abteilungen.

Ich werde nie meine erste Begegnung mit einem Scrum Master vergessen. Es war mein erster Tag für ein Projekt in einem großen deutschen Unternehmen. Ich sollte bei einem Daily und Weekly Scrum Meeting teilnehmen, um zu erfahren, wie sich das Unternehmen transformiert. Punkt 9.00 Uhr stand ich vor dem Meetingroom, wurde von einem Mann in Anzug abgeholt und in den Raum gelassen. Ohne große Vorstellungsrunde wurde ich gebeten Platz zu nehmen. Der Mann im Anzug entpuppte sich als der Scrum Master, da er das Daily startete. Man spürte im Raum eine extreme Anspannung, im Verlauf des Daily verstand ich auch, warum. Das Format war weniger ein Statusreport des Tages und der Woche, es war eher eine Inquisition der Entwickler. Sie mussten sich rechtfertigen, warum sie dies oder jenes nicht geschafft hätten. Der Scrum Master forderte in scharfem Tonfall sofortige Korrekturen oder sofortige Lösung der Themen bis Mittag oder bis zum Ende des Tages. In diesem Raum waren 15 gestandene Männer und Frauen, die sich von einem Anzugmann anschreien ließen, und keiner dieser smarten und hoch gefragten Entwickler sagte etwas dagegen. Ich konnte die Welt einfach nicht verstehen.

Vielleicht war es der Tonfall des Anzugmanns oder die gesamte Situation, die sich mir vor meinen Augen bot. Ich entschied in diesem Moment, dass Agilität nichts Gutes sein kann, wenn man Menschen so behandeln muss. Ich wollte dem Ganzen fast einen Schlussstrich ziehen und hatte mir fest vorgenommen, nach dem Mittagessen zu gehen. Ich ging mit drei der Entwickler Mittagessen und bei ziemlich fetten Rib Steaks (eines habe ich gelernt: die Küche von IT-Unternehmen kann richtig deftig sein, Entwickler haben Hunger) teilte ich ihnen meinen Schrecken mit.

Sie beruhigten mich, dass der Scrum Master gar nicht so böse sei, wie er tut. Viele würden ihn nicht mögen. Er war die vorherige Führungskraft, die viele von ihnen eingestellt hatte. Er hatte das Team bereits geleitet, als es noch nicht nach Scrum gearbeitet wurde. Er hat dann auf einem zwei Tages Seminar seinen Scrum Master erworben, weil das Unternehmen alle Projekte auf agil umgestellt hat. Nach seiner Rückkehr war er formal nicht mehr Teamleiter, sondern Scrum Master. Der in kurzer Zeit neu erworbene Titel konnte jedoch nicht bewirken, dass lang antrainiertes Verhalten abgelegt wurde.

Nun konnte ich alles verstehen, er trug nur die Kutte eines Mönchs, aber nicht den Geist. Dies spürte man in der Angst im Raum, man spürte es in der Rolle, die er sich selbst vorgab als Inquisitor. Es fehlte ihm der Spirit von Scrum und Agilität. Er führte weiterhin so wie er es immer getan hatte.

Zwei Jahre später traf ich zufällig die Führungskraft im Gewand des Scrum Master auf einer Zugfahrt von Frankfurt nach Nürnberg. Er beklagte auf der zweistündigen Fahrt, dass er entlassen worden war, da man einen externen Product Owner ins Haus geholt hatte, der alles anders machen wollte und der die Entwickler aufgemuntert hatte, gegen ihn zu revoltieren. Er musste gehen ohne einzusehen, warum. Er erkannte auch nicht nach zwei Jahren, dass sich das Unternehmen verändert hatte und dass die Organisation in langsamen Schritten nach vorne ging. In seinem Weltbild funktioniert es weiterhin so, dass nur Disziplin, klare Leitplanken und klarer Ton zu Ergebnissen führen können. Dass die Mitarbeiter ihre Tätigkeit eher aus Angst durchführten und weniger aus Leidenschaft, interessierte ihn nicht. Schlussendlich musste er seinen Vorgesetzten klare Ergebnisse liefern. Alle Ampeln in den Statusberichten sollten auf grün stehen.

1 | DIE STELLUNG DER FÜHRUNGSKRAFT IN DER AGILEN WELT

Die Position der Führungskraft entwickelt sich von einer Herrschaftsposition über das Team zu einer dienenden Position für das Team. Ich muss zugeben, manchmal habe ich mich gefragt, wie es wohl mal war, Chef zu sein in der traditionellen Führung. Vielleicht würde ich die agile Führung besser verstehen und genießen können, wenn ich mal die klare, alte, traditionelle Führung auf meiner Haut gespürt hätte.

Das hätte ich mir wohl nie wünschen sollen. Irgendwann im Verlauf meiner Berufskarriere habe ich einen Vorgesetzten bekommen, der die schlimmste Variante von allem war. Die personifizierte traditionelle Führung, der aber das Gewand oder die Kutte der agilen Führung tragen wollte.

An dieser Stelle ein Dank an alle tollen Trainer in diesem Lande, die Tagesworkshops an Vorstände und Führungskräfte verkaufen mit den großen Stichworten oder Slogans mit dem Inhalt „Agilität und Scrum lösen alle eure Probleme". Danke, dass Ihr im Keim bereits die Grundidee von Agilität zerstört. In einem oder zwei Tage werdet Ihr nie ein Mindset ändern und Reorganisationen antreiben. Die Früchte davon habe ich an dem besagten Vorgesetzten gesehen. Ein begnadeter Verkäufer, der mit den Begriffen aus dem Agilitätsbaukasten souverän jonglieren konnte, nur um sie so umzuinterpretieren, dass sie ihm und seinen eigenen Interessen nützlich sind.

Spannende Sätze von ihm und was sie wirklich bedeuteten:

Transparenz ist die wichtigste Grundlage der Zusammenarbeit.

Meine Mitarbeiter sollen mir alles mitteilen, ich werde ihnen jedoch nicht die Hintergründe meiner Strategie und Vorgehensweise erläutern.

Mitarbeiter sollen offen Fragen stellen können, hierfür schaffen wir die entsprechenden Formate.

Ich habe einen Townhall ins Leben gerufen, auf der Fragen offen im Kreis der gesamten Mitarbeiter gestellt werden. Allerdings werde ich die Fragen, die für mich unangenehm sind und die ich nicht gut finde, nicht beantworten, sondern die Fragenden angreifen. Dadurch habe ich erreicht, dass die Mitarbeiter sich nicht mehr trauen, wichtige Themen wie beispielsweise Überstunden, Überlast oder Arbeitszeiten anzusprechen. Stattdessen diskutieren wir nun konstruktiv über wesentliche Themen wie Mülltrennung oder die Notwendigkeit von Toilettenpapier aus Umweltpapier.

Mitarbeiter sollen entsprechend ihrer Individualität gefördert werden.

Nach der Kündigung eines Mitarbeiters kommunizierte der Vorgesetzte, derjenige sei sowieso zu stark familienbezogen und daher wäre die Kündigung die beste Entscheidung für ihn gewesen. Er fügte den Satz hinzu, dass jeder ersetzbar sei und dass der Nachfolger möglicherweise sogar besser sei als der bisherige Mitarbeiter.

Das waren wirklich prägende Momente für mich, die mir zeigten, das kann nicht der wahre Charakter der Führungskraft der Zukunft sein.

2 | DIE AGILE FÜHRUNGSKRAFT ALS DIENENDE FÜHRUNGSKRAFT

In den 70er Jahren publizierte Robert Greenleaf einen Aufsatz „The servant as Leader". Er war selbst als Führungskraft als „Director of Management Development" auf die Fragestellung gestoßen, wie die Führungskraft der Zukunft sein wird.

Er erkannte, dass das heroische Manager-Verständnis des 20. Jahrhunderts, welches aus dem Taylorismus geprägt war, nicht mehr zeitgemäß war. Und so schrieb er von einer Umdrehung der Hierarchiepyramide. Eigentlich hat Greenleaf nur Erkenntnisse in eine neue Hülle verpackt, die Benedikt von Nursia bereits einige Jahrhundert zuvor bei der Gestaltung der Führungsstrukturen ausgesprochen hat.

Dienen und Führen bilden auf den ersten Blick einen Widerspruch in der heutigen Welt. Die beiden Verben scheinen nicht zusammenzupassen. Jahrelang habe ich in der Gastronomie meiner Eltern ausgeholfen. Als Jugendlicher habe ich es gehasst, meine Wochenenden in der Pizzeria zu verbringen und auszuhelfen. Erst Jahre später habe ich erkannt, dass ich dort das Dienen erlernen durfte und somit eine Haltung, die auch in jahrelangem Studium von niemandem gelehrt wird.

Durch das Kellnern bei meinen Eltern habe ich erlernt, schnell zu erkennen, welcher Typus von Mensch am Tisch sitzt. Mich einzufühlen in mein Gegenüber. Zu erkennen, ob er einen Plausch haben möchte oder in Ruhe gelassen werden will. Ihn proaktiv auf Themen anzusprechen. Zu erkennen, ob er sich in der Situation unwohl fühlt. Ich habe gelernt, Gestik und Mimik zu interpretieren. Insbesondere lernt ein Kellner schnell, auf die Launen der Gäste einzugehen und auf Unzufriedenheit angemessen zu reagieren.

Ist Ihnen auch aufgefallen, wie begeistert wir von Kellnern in Restaurants sind, die überaus freundlich sind und die uns weiterhelfen können, evtl. auch durch klare Anweisungen? Daraus schließen wir sofort, dass das Restaurant oder Hotel toll ist.

2.1 | DIE EIGENSCHAFTEN EINER DIENENDEN FÜHRUNGSKRAFT

Aber welche Kompetenzen hat eine dienende Führungskraft? Basierend auf den Erkenntnissen von Robert Greenleaf und bereichert durch meine Erfahrungen aus den letzten Führungsjahren habe ich die wichtigsten Aspekte einer dienenden Führungskraft reflektiert und aufgeschrieben.

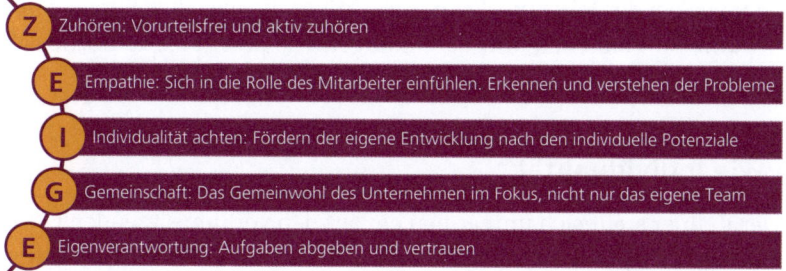

Abbildung 9: ZEIGE – Kompetenzmodell M. Singh angelehnt an Robert Greenleaf

Z wie Zuhören

Der Kellner muss genau hinhören, um die richtige Bestellung in die Küche und an die Bar zu bringen. Zuhören ist aber auch für die Führungskraft eine wichtige Tätigkeit. Sie muss auf die Mitteilungen und die Kommunikation der Teammitglieder hören und auch zwischen den Zeilen lesen können.

Von einem Mitarbeiter wurde mir einmal vorgeworfen, er würde sich immer nicht gehört fühlen. Er hätte mich seit einem Jahr warnen wollen bei Themen, aber ich hätte ihm nicht recht gegeben und nicht die richtigen Maßnahmen eingeleitet. Ich musste ihm traurigerweise recht geben, ich hatte ihn mehrmals überhört. Er hatte mir immer mit derart panischen Aussagen und mit Horrorszenarien die Probleme dargestellt, dass ich irgendwann seine Aussagen nicht mehr ernst genommen habe und diese immer mehr verdrängt habe. Irgendwann habe ich mir wohl gedacht, er macht immer Panik. Daraus habe ich gelernt, man kann auch hinhören, aber nicht verstehen wollen.

E wie Empathie

Der Kellner muss sich einfühlen in die Bedürfnisse des Gastes. Wenn der Gast mitteilt, dass er eine Allergie oder Intoleranz hat, muss der Kellner das deutlich verstehen und andere Gerichte vorschlagen. Er muss aber auch über Taktgefühl verfügen und sich einfühlen in die Situation: ein Tisch mit einem ersten Date zwischen zwei jungen Menschen wird anders bedient als ein Tisch mit einer Burschenschaft.

So ist es bei der Führungskraft, diese muss die jeweilige Sprache der Mitarbeiter verstehen und deren Sorgen wie auch Freude mitfühlen können.

I wie Individualität

Der Kellner stellt sich immer neu ein auf den vor ihm sitzenden Gast. Eine Seniorin, die zum Kaffee und Kuchen vorbeikommt, wird anders begrüßt und bedient, als eine junge Familie mit Kind und Hund. Sie haben andere Bedürfnisse und werden auch andere Fragen stellen. Für die einen ist die Speisekarte zu groß und unübersichtlich, die anderen bemängeln die angeblich zu geringe Auswahl.

So ist es wichtig, die Individualität der Mitarbeiter zu achten und deren Potenziale zu erkennen und fördern. Ich hatte ganz lange einen sehr schweigsamen Mitarbeiter in meinem Team. Ich fragte mich oft, ob er denn Spaß an der Arbeit hätte. Ich versuchte ihn tagtäglich zu verstehen, mich einzufühlen und die Arbeit aus seiner Perspektive zu betrachten. Es war eine ständige Herausforderung. Ich sprach ihn eines Tages direkt an und er sagt mir, er sei einfach so. Er sei sehr introvertiert und er würde auch zu Hause nicht viel reden. Ich war beruhigt, es lag nicht an mir oder an der Arbeit, ab dem Moment habe ich seine Individualität viel stärker respektiert, ohne immer wieder zu versuchen ihn zu lockern oder zu aktivieren.

G wie Gemeinschaft

Als Kellner erlernt man sehr schnell, was es bedeutet, zusammen zu arbeiten, anstatt gegeneinander zu arbeiten. Wenn man nicht zum Wohl des Unternehmens arbeitet und nur auf den eigenen Bereich schaut, wird die Unternehmung dies sehr bald in den eigenen Ergebnissen erkennen. Ein Kellner muss aber auch proaktiv die Tagesgerichte hervorheben, da er sonst Stress von der Küche bekommt, die die Pfifferlinge oder den Rucola nicht lange frisch halten kann. So muss die dienende Führungskraft immer eine Vogelperspektive behalten und die Schnittstellen und Konsequenzen in der Organisation erkennen.

E wie Eigenverantwortung

Die Eigen-Verantwortung hat zwei Aspekte, das ichbezogene „Eigen"
und „Verantwortung" gegenüber anderen. Das Ichbezogene ist, sich der
eigenen Rolle bewusst zu werden. Verantwortung gegenüber anderen
bedeutet, die eigene Rolle auszufüllen, ohne überall mitmischen zu
wollen in den Aufgaben und Rollen der anderen Mitarbeiter. Ich muss
meine Kollegen ihre Arbeit machen lassen ohne mich einzumischen
über das Wie und über deren Geschwindigkeit. Wenn jeder den Koch
spielen will, wird keiner den Gast bedienen.

2.2 | DIE AUFGABEN DER DIENENDEN FÜHRUNGSKRAFT

Gelegentlich wurde ich von anderen Führungskräften als faul und
zurückhaltend wahrgenommen. Die meisten meiner Kollegen sahen
mich meist nur am Quatschen, im Austausch mit meinen Mitarbeitern
oder Kaffee trinkend mit meinem Team. Nur selten traf man mich an
meinem Schreibtisch an. Diesen Aufgaben ging ich früh morgens oder
spät abends nach. Die übrige Zeit nutzte ich für Gespräche mit den
Mitarbeitern.

Um Führung zu übernehmen, müssen Führungskräfte wissen, was in
ihrem Laden los ist, was vor sich geht. Sie müssen mit den Mitarbeitern
in Kontakt bleiben, über Hindernisse und Erfolge Bescheid wissen.

Ich habe, unbeeindruckt von den Aussagen meiner Führungskollegen und
Geschäftsführer, viel Zeit mit meinen Mitarbeitern verbracht. Ich habe
bei ihnen am Tisch gesessen, mit ihnen die Mittagspausen verbracht.
Ich habe Interesse an ihrem Leben und ihren Schwierigkeiten gehabt.

Eine Führungskraft sagte mir im Rahmen eines Workshops, sie würde
schon Magenschmerzen bekommen, wenn sie ihre Mitarbeiter sehen
würde. Sie hätte keine Lust, sich mit deren Alltagsproblemen ausein-
anderzusetzen. Dafür hätte sie doch wirklich nicht studiert.

Das Interesse und die Liebe am Mitmenschen sind die Grundlagen für
die dienende Führungskraft. Es ist ein Interesse an der Zusammen-

arbeit, aber auch an den Menschen, die der Führungskraft anvertraut worden sind.

Ein dienender Führungsstil ist deutlich schwieriger umzusetzen als ein Top-down-Führungsstil, bei dem man eine Aufgabe vorgibt und das Team diese zu bearbeiten hat. Da braucht man nicht viel zu wissen über die Fähigkeiten oder Befindlichkeiten des Einzelnen. Wichtig ist nur das Ergebnis. Als dienende Führung erfordert es Nachdenklichkeit, wem kann ich dies oder jenes zumuten und die Fähigkeit, die eigene Individualität nicht nur erkennen, sondern auch schätzen zu lernen. Dies beginnt bereits bei der Einstellung der Mitarbeiter. Ich brauche keine eifrigen Bienen, die alles durchboxen. Ich brauche engagierte Mitarbeiter, die mit Leidenschaft ihre Stärken einsetzen.

Genau hier dockt eine gute dienende Führungskraft an. Sie erkennt den Stein bereits unpoliert und verhilft dem Mitarbeiter seine Stärken zu erkennen und aus dem Stein den Diamanten zu schleifen.

> „A servant-leader loves people and wants to help them.
> The mission of a servant-leader is, therefore, to identify the
> needs of others and try to satisfy those needs."[20]

So wird es erklärt von Kent Keith, dem Vorsitzenden des Greenleaf Center for servant leadership. Die Führungskraft versteht sich dabei als Coach und Trainer, nicht als Lenker und Führer. Hierzu benötigt man eine Menge Demut, welche allzu häufig beim Erklimmen der Karriereleiter verloren geht.

> „Der Herrscher ist der erste Diener des Staates."
> Friedrich der Große

Demut, weil man als Führungskraft auf einmal nicht immer auf der Bühne steht und die Lorbeeren abholt. Das Ziel der Führungskraft ist hier, Individuen zu helfen, zu begeistern und auch, ihnen Grenzen zu setzen. Die Individualität zu stärken ist aber nur dann möglich, wenn die eigene Individualität erkannt worden ist und die eigenen Stärken und Schwächen entdeckt worden sind. Hierzu werde ich noch in den

---

20 Trompenaars, F./Voerman, E. (2009). Servant-Leadership Across Cultures.

weiteren Kapiteln schreiben, die sich dem agilen Mitarbeiter widmen werden.

Für die deutsche Unternehmenslandschaft ist die Begrifflichkeit „dienende Führung" häufig mit einer christlichen Konnotation verbunden. Dies behinderte in vielen Workshops das Verständnis und den Zugang zu diesem Prinzip, welches meiner Ansicht nach sehr gut losgelöst von einer christlichen Sichtweise betrachtet werden kann. In der deutschen Managementliteratur hat man das dienende softer beschrieben mit dem Ausdruck „Führung als Dienstleistung". Hierbei wird die Führungskraft als Dienstleister gegenüber den Mitarbeitern in der Vergabe von Aufgaben und in der Lösung von Problemen der Mitarbeiter gesehen und als Dienstleister gegenüber der Organisation, in der Führung von Mitarbeitern und Einhaltung der Organisationsziele. Spannend ist hierbei die zweifache Betrachtungsweise, sowohl auf das Verhältnis zu dem Mitarbeiter wie auch auf das zur Organisation.

In Deutschland gibt es bereits die ersten Schritte im Bereich „Führung als Dienstleistung", einige Unternehmen haben begonnen, ihre Organisation darauf einzustellen. Hier ein Beispiel, wie der Führungsstil im Leitbild verankert ist:[21]

- *Wir schaffen für unsere Mitarbeiter die Freiräume zur Stärkung ihres individuellen Leistungspotenzials und zur Erschließung des vollen Kundenpotenzials.*
- *Wir verbinden systematische Mitarbeiterentwicklung mit aktivem Wissens- und Innovationsmanagement als Voraussetzung dafür, dass jeder die Zukunft mitgestalten kann.*
- *Wir fordern und fördern unternehmerisches Handeln jedes Einzelnen in seinem definierten Verantwortungsbereich, um den Erfolg des Unternehmens und seiner Kunden weiter zu steigern.*

Interessant ist hierbei, wie das Unternehmen die Säulen der Führung als Dienstleistung gesetzt hat.

- Individualität des Mitarbeiters stärken
- Mitarbeiterentwicklung im Fokus
- Zukunft gemeinsam mitgestalten
- Unternehmerisches Handeln im Verantwortungsbereich

---

21 https://esg.de/de/unternehmen/leitbild

Themen, die immer wieder in diesem Buch vorkommen werden, in den verschiedenen Kapiteln und die meiner Meinung nach auch die Prinzipien von Agilität repräsentieren.

Im Juni 2018 habe ich an einem Symposium teilgenommen mit dem spannenden Titel „Dienende Führung – Von der Gier zum Wir". Eine Reihe renommierter Wirtschaftswissenschaftler debattierte darüber, welche Art von Führungskraft die Organisationen der Zukunft benötigen werden. Daran anschließend dann die Fragestellung, wie können wir in unseren Universitäten dem Nachwuchs dienende Führung beibringen.

Hier hatte ich die Gelegenheit, interessante Ideen und Gedanken zum Konzept der dienenden Führungskraft zu sammeln. Die Führungskraft, die Verantwortung übernimmt nicht nur dafür, Organisationsziele zu erreichen, sondern vielmehr auch dafür, die eigenen Mitarbeiter zu „führen".

Hierbei verstehe ich unter „führen" vor allem, Leben in den Menschen wecken, Leben aus ihnen hervorzulocken. Sie die Leidenschaft in ihren Aufgaben entdecken zu lassen. Menschenführung bedeutet in einem agilen Sinn auch, Menschen beim Wachstum zu helfen. Dies ist ein Mindset, eine klare Haltung. Dafür braucht man ein starkes und selbstbewusstes Sein als Führungskraft.

Die dienende Führungskraft ist diejenige, die authentisch und demütig Hindernisse für die Mitarbeiter ausräumt, aber auch fähig ist, sich überflüssig zu machen. Hier gewinnen Management und Führung eine viel größere Rolle als nur die Methode der Steuerung eines Unternehmens, es gewinnt eine gesellschaftliche Rolle. Dienende Führungskraft bedeutet nicht Unterordnung, sondern als Vorbild Freiräume der Entwicklung zu schaffen, aber wohlwissend, dass eine disziplinarische Kraft als Leitplanke da ist.

> „Management hat eine gesellschaftliche Funktion, ist eine berufliche Aufgabe, deren Kern weder Reichtum noch Rang ist, sondern die Verantwortung bildet, über allem wissentlich keinen gesellschaftlichen Schaden anzurichten."[22]

---

22 Drucker, P. (2007) The Essential Drucker (Classic Drucker Collection).

Agiles Arbeiten – agile Führung

Die agile Führungskraft führt ihre Teams durch Ziele, die sich direkt aus der Unternehmensvision ableiten, und die idealerweise gemeinschaftlich vereinbart werden. Die agile Führungskraft bewertet und steuert keine Menschen, sondern die Erfüllung von objektiv bewertbaren Zielen. Die frei gewordenen Kapazitäten (die vorher für Befehls- und Kontrollstrukturen auf der Mikroebene eingesetzt wurden) werden in strategische Aktivitäten investiert. Zu den wichtigen strategischen Aufgaben einer agilen Führungskraft gehört die Pflege, Stärkung und konsequente agile Ausrichtung des eigenen Teams. Die agile Führungskraft ist diejenige, die sich überflüssig machen kann. In agilen Organisationen wird ein anderes Menschenbild zugrunde gelegt als in traditionellen Führungsstrukturen mit Befehls- und Kontrollstrukturen.

Damit ist für den Servant Leader klar, dass Führen mit einer Haltung des Dienens beginnt. Und dem Vertrauen darauf, dass sich der Geführte der Führung freiwillig anschließt, anstatt sich institutionalisierter „Macht" zu beugen. Dabei kann Servant Leadership sowohl auf die Interaktion zwischen Personen als auch ganze Teams übertragen werden.

Es ist ein klarer Wandel angesagt in den Organisationen, nicht nur in agilen Organisationen, sondern auch in traditionellen Unternehmen, die noch jungen Nachwuchs als Mitarbeiter haben möchten. Menschen suchen eine andere Art der Führung. Sie suchen eine Führungskraft, die ihnen in ihrer Lernkurve weiterhilft, anstatt um sie herum ein Kontrollsystem aufzubauen.

Insbesondere für die Führungskräfte von heute ist eine große Transformation notwendig. Sie müssen Macht abgeben, sie werden aber dafür Freiheit gewinnen. Sie müssen Konflikte lösen, aber nur so kann eine einwandfreie Zusammenarbeit funktionieren. Sie müssen Demut und Menschenliebe lernen. Dafür erhalten sie aber Mitarbeiter voller Leidenschaft und die eigene Gesundheit wird es ihnen danken. Leidenschaftliche Mitarbeiter erledigen ihre Arbeit voller Engagement und als Führungskraft wird man eher zurückhaltend sein können und die gewonnenen Freiräume genießen können. Es benötigt aber Mut und Ausdauer, sich auf den Weg zur dienenden agilen Führungskraft aufzumachen und das entsprechende Mindset aufzubauen.

„Die Zukunft hat viele Namen. Für Schlaue ist sie das Unerreichbare, für Furchtsame das Unbekannte, für Mutige die Chance."[23]
Victor Hugo

3 | BENEDIKTINISCHE ANMERKUNGEN ZU KAPITEL 3

Führungskraft ohne Macht – Führungskraft mit Freiheit

Liest man die vorausgehenden Bemerkungen zum dienenden Führen, meint man, ein in modernes Management-Sprech übersetztes Exzerpt der Benediktsregel vor sich zu haben. In dieser ist dem Dienen eine führende Rolle im Tugendkatalog für die Mitglieder eines Mönchskonventes zugewiesen, und zwar auf allen Hierarchieebenen. Benedikt verwendet dafür den traditionellen Namen Demut. Von der Geschichte dieses Wortes und der damit verbundenen Bedeutung heißt Demut nichts anderes als „Wille zum Dienen". In der lateinischen Entsprechung „humilitas" wird mit der Konnotation „humus" die Bodenständigkeit beschworen. Jeder, der in ein Kloster eintritt, das nach der Regel des hl. Benedikt lebt, soll auf dem Boden bleiben. Das heißt, er soll er selbst bleiben und nicht versuchen ein anderer sein zu wollen, also mehr zu scheinen als zu sein. Heute würde man wohl von Authentizität sprechen. In besonderem Maße gilt das für den CEO im Kloster, den Abt und seine „Vorstandskollegen", den Cellerar (CFO) und den Prior, seinen Stellvertreter (Vice-president). Schon im 2. Kapitel der Regel wird eine Art Stellenbeschreibung des Abtdienstes dargelegt. Da heißt es u. a.: „Er muss wissen, welch schwierige und mühevolle Aufgabe er auf sich nimmt: Menschen zu führen und der Eigenart vieler zu

---

23   Hugo, V./Kauer, E. T. (2001). Die Elenden.

dienen. Muss er doch dem einen mit gewinnenden, den anderen mit tadelnden, dem dritten mit überzeugenden Worten begegnen. Nach der Eigenart und Fassungskraft jedes Einzelnen soll er sich auf alle einstellen und auf sie eingehen." (RB 2,31f) Im lateinischen Original heißt es: „multorum moribus servire" und „se omnibus conformet et aptet". Wörtlich müsste man übersetzen: er muss der Eigenart vieler dienen, sich allen gleichförmig machen und sich anpassen. Ein Mitglied der benediktinischen Übersetzerkommission der Regel meinte, da das Wort „anpassen" im kirchlichen Sprachgebrauch nicht gut klingt, habe man die weichere Fassung mit „einstellen und eingehen" gewählt.

Was für die Kirche gilt, gilt auch für Unternehmen. Das würde wohl zu sehr an der Ellenbogenmentalität und Durchsetzungskraft der Leader kratzen, wenn man von ihnen Anpassung an die Eigenarten ihrer Mitarbeiter verlangte. Aber es entspricht doch der Erfahrung im menschlichen Miteinander: Eigentlich kann ich andere nicht ändern, sondern nur mich selbst. Oder wie der Management-Guru Peter F. Drucker meint: „im letzten muss die Führungskraft nur eine einzige Person führen, nämlich sich selbst." Weiter wird der Abt ermahnt, „mehr durch sein Leben als durch sein Reden" zu überzeugen. (RB 2,12). Überhaupt ist das Vorleben dessen, was von allen gefordert wird, das Beispielgeben, eine der Hauptanforderungen an die „Funktionäre" der Gemeinschaft. Benedikt spricht von den „exempla maiorum", dem Beispiel der Oberen. Im Anforderungsprofil an einen neu zu bestellenden Abt, dem 64. Kapitel wird ausdrücklich verlangt, „er wisse, dass er mehr helfen als herrschen soll". Lateinisch: magis prodesse quam praeesse, lautmalerisch übersetzt: er soll mehr vorsehen als vorstehen. (RB 64, 8) Seine Amtsführung sei so, „dass er mehr geliebt als gefürchtet wird" (plus amari quam timeri) (RB 64,15). Cholerisches Führungsverhalten führt wohl nicht zu Liebe, sondern eher zu Angst. Führung durch Sog statt Führen mit Druck, so müsste man Benedikt mit modernen Worten interpretieren. Es heißt, dass bei einer Befragung der erfolgreichsten amerikanischen Unternehmensgründer, was denn nun das Geheimnis ihres Erfolges sei, ihre Antworten auf einen gemeinsamen Nenner gebracht werden konnten: „You have to love people!" Im Deutschen kann man es mit den berühmten 4 Ms ausdrücken: „Man muss Menschen mögen." Lieben – mögen – das findet seinen Ausdruck in zugewandter Kommunikation.

KAPITEL 4

Der agile Mitarbeiter

Eine neue Zeit braucht einen neuen Menschen und dieser neue Mensch braucht ein neues Selbstverständnis von Arbeit. Die Arbeit nimmt einen großen Teil unseres Lebens ein, daher ist es ein höchstes Ziel, Leidenschaft für die Arbeit zu entfachen und beizubehalten. Der volljäh-

Expected duration of working life, 2018
(number of working years for a person who is 15 years old)

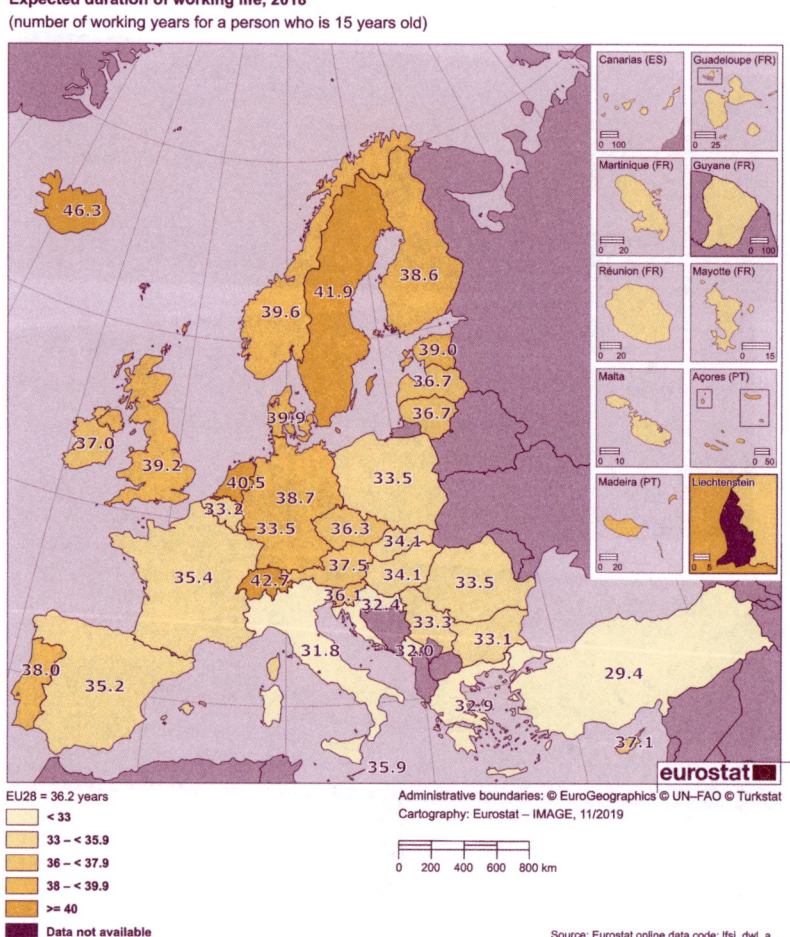

EU28 = 36.2 years

- [ ] < 33
- [ ] 33 – < 35.9
- [ ] 36 – < 37.9
- [ ] 38 – < 39.9
- [ ] >= 40
- [ ] Data not available

Administrative boundaries: © EuroGeographics © UN–FAO © Turkstat
Cartography: Eurostat – IMAGE, 11/2019

0   200   400   600   800 km

Source: Eurostat online data code: lfsi_dwl_a

Abbildung 10: Erwartete Lebensarbeitszeit im europäischen Vergleich
Quelle: https://ec.europa.eu/eurostat/en/web/products-eurostat-news/-/ddn-20191122-1

Agiles Arbeiten – agile Führung

rige Deutsche arbeitet gut 45 Stunden[24] pro Woche, im Durchschnitt arbeitet er 38,7 Jahre lang[25].

In den letzten Jahren ist die Lebensarbeitszeit massiv gestiegen[26], nicht nur in Deutschland, sondern in der Gesamtbetrachtung auch im gesamten EU-Raum.

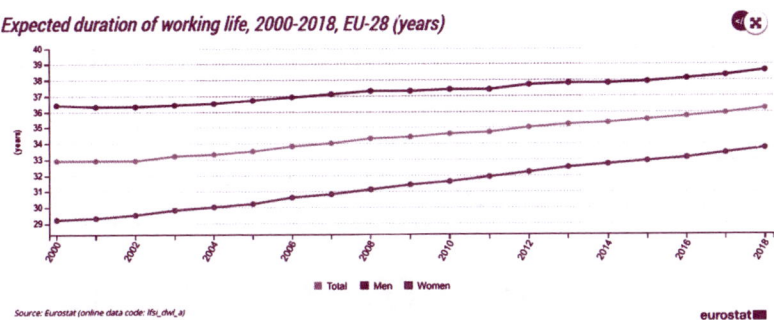

Abbildung 11: Anstieg der Lebensarbeitszeit 2000–2018
Quelle: Eurostat

Der gestiegene Wohlstand, die gestiegene Bildung, der medizinische Fortschritt sowie eine höchst optimierte gesundheitsbewusste Lebensweise haben die allgemeine Lebenserwartung verlängert, dadurch erhöht sich ganz natürlich die Lebensarbeitszeit. Die Frage ist nun, wie Mitarbeiterinnen und Mitarbeiter diese Arbeitszeit erleben.

Mache ich das, was ich wirklich, wirklich will?

Sehe ich einen Sinn, in dem was ich tue?

Stehe ich morgens gerne auf und freue mich auf den Tag?

Natürlich werde ich ab und an einen schlechten Tag oder schlechte/ stressige Phasen haben, aber es wird keine andauernde Phase sein. Daher passen hier sehr gut die Worte von Friedrich Schiller:

---

24 https://www.spiegel.de/karriere/statistisches-bundesamt-die-deutschen-arbeiten-immer-mehr-a-1050139.html

25 https://data.europa.eu/euodp/de/data/dataset/Z4aJ4cGzM3lZ0NYtdNO7FA

26 https://deutsche-wirtschafts-nachrichten.de/501134/Lebensarbeitszeit-Massive-Unterschiede-in-Europa

> „Drum prüfe, wer sich ewig bindet,
> Ob sich das Herz zum Herzen findet!
> Der Wahn ist kurz, die Reu ist lang."[27]

Die Verse, die Schiller hier für die Partnerauswahl wählt, können auch für die Berufswahl gelten. Ich bin in den letzten Jahren vielen Menschen begegnet, die aus ihrem Inneren heraus mit ihrem Job, mit dem Chef und mit der Organisationsstruktur im Unternehmen, welche sie als einengend und bedrängend empfanden, unzufrieden waren. Die Reue war lang und führte trotzdem zur Starre.

1 | AGILITÄT IST NICHT FÜR JEDEN ETWAS: NICHT JEDER MITARBEITER IST GEEIGNET FÜR AGILITÄT

Agilität ist nicht das Allheilmittel für alles und jeden. Nicht jeder ist dafür geschaffen. Es ist ein Persönlichkeitsthema. Menschen, die klare Aufgabenstellungen benötigen und keine Freude daran haben, sich ständig etwas Neues anzueignen, wird agiles Arbeiten wahnsinnig machen und sie immer wieder überfordern. Es gibt eben Menschen, die klare Routinen lieben und klare feste Leiplanken benötigen. Freiheitsräume überfordern sie und führen oft in Krankheitszustände, da sie gar nicht wissen, wo sie beginnen sollen. Trotzdem können diese Menschen tolle Mitarbeiterinnen und Mitarbeiter sein, die Höchstleistungen in ihrem Aufgabenbereich erbringen, wenn ihre Erwartungen an die Arbeitsgestaltung und die Führungskraft erfüllt werden. Solche

---

27   Schiller, F. (1799). Das Lied von der Glocke

Persönlichkeiten wird man nicht für Agilität begeistern können und das ist auch in Ordnung. Daher sollte man nicht versuchen, diese Menschen zu verbiegen und sie in ein Arbeitsumfeld zu pressen, das nicht ihrer Persönlichkeit entspricht.

Ich muss zugeben, ich habe diesen Fehler selbst einmal gemacht. Als Führungskraft und als Person bin ich ein freiheitsliebender und flexibler Mensch. Meine klare Vorstellung war, jeder meiner Mitarbeiter muss auf den Geschmack kommen und die Freiheit und Flexibilität genießen. Da habe ich bei einem Mitarbeiter auf Granit gebissen, er wollte von mir klare Anweisungen und keine Freiheit. Ich habe es monatelang nicht verstehen können, bis ich es irgendwann aufgegeben habe und ihn einfach sich selbst sein lassen habe. Von sich auf andere zu schließen, ist einen riesiger Fehler, insbesondere bei der Führung von Menschen.

Ich hatte den besagten Mitarbeiter immer wieder mit meinen Erwartungen und meinen gut gemeinten Weltbildern überfordert. Ich werde nie vergessen, wie ich im Rahmen eines Workshops in der ersten Woche, nachdem ich das Team übernommen hatte, die Aufgabe stellte, alle möglichen Lösungsansätze für eine vorgegebene Situation zu notieren. Ich sah, wie alle eifrig schrieben und er der Einzige war, der nichts zu Papier brachte. Ich ermunterte ihn, dass alles erlaubt sei und es kein Richtig oder Falsch gebe. Bei der Präsentation hatte er nichts vorzuweisen, es sei ihm nichts eingefallen. Ich bemerkte, dass diese Aufgabe bei ihm Grundlage für Frustration und Scham gegenüber den Kollegen im Team war. Er wusste nicht, was ich von ihm wollte und konnte nicht nachvollziehen, dass ich überhaupt keine Erwartungen an das Ergebnis hatte. Nichtsdestotrotz halte ich diese Übung für gut und richtig. Ich habe sie in den daraufkommenden Wochen immer wiederholt.

2 AGILITÄT LÖST NICHT ALLE AUFGABEN: NICHT JEDE AUFGABE IST FÜR AGILE ARBEIT SINNVOLL

Seit einigen Jahren werden Scrum und Agilität für die unterschiedlichsten Projekte und Bereiche in Unternehmen eingesetzt und als Allheilmittel für Probleme wie Kostendruck und Effizienz betrachtet.

Ehrliche Organisationsberaterinnen und Organisationsberater sowie Coaches beraten Unternehmen fair und wissen aus eigenen Erfahrungen (sofern sie wirklich welche aufgebaut haben), dass Organisationen, Bereiche und Teams sehr unterschiedlich sein können. In einem Unternehmen können meiner Meinung nach sehr gut Wasserfallprojekte und Projekte mit Hilfe von Scrum oder Kanban durchgeführt werden. Jede Methode hat eine andere Sicht- und Herangehensweise, die besser oder schlechter zur jeweiligen Fragestellung und Aufgabe passen kann. Hierfür sollen Führungskräfte einen klaren Blick haben und frühzeitig Pros und Contras einer Methode mit den eigenen Mitarbeitern besprechen. Die Mitarbeiter sollen mitentscheiden dürfen, wie geführt und ein Projekt gesteuert werden sollte.

Meiner Ansicht nach funktioniert agile Arbeit nicht, wo Erfahrungswissen und langjährig aufgebaute Kontakte notwendig und relevant sind. Ebensowenig funktioniert sie in Bereichen, in denen klare Prozesse für das Bereitstellen oder am Betrieb halten einer Dienstleistung existieren. Hierbei sind Schnelligkeit, Erfahrung und stabile Prozesse notwendig. Agilität ist für mich ganz klar nicht geeignet für das Bereitstellen der Dienstleistung eines Bankensystems oder den Betrieb des Rechenzentrums einer Versicherung. Dort sind stabile Prozesse notwendig, die nicht alle vier bis sechs Wochen angepasst werden können.

Natürlich können Prozesse aktualisiert und mit Hilfe agiler Methoden neugestaltet werden. Wenn diese Prozesse aber eingeführt werden und tagtäglich bestehen müssen, bringt die Agilität wenig – ganz im Gegenteil, da kann Agilität sogar schädlich sein. In diesen Bereichen finden sich Mitarbeiterinnen und Mitarbeiter, die nicht jeden Tag ihre Aufgaben neu erfinden, sondern auf erprobten Wegen Ziele erreichen wollen.

3 | AGILE ARBEIT KANN SEHR ANSTRENGEND SEIN

Agile Arbeit ist anstrengend und benötigt starke Mitarbeiter. Hiermit meine ich keine körperliche, sondern eine gewisse geistige und psychische Stärke. Denn agile Methoden erfordern viel Flexibilität und die Bereitschaft, Unsicherheiten ertragen zu können. Agiles Arbeiten sollte den Mitarbeiter zwar entlasten, aber eine schnelle Einführung ohne eine klare Änderung der Haltung des Mitarbeiters oder eine falsche Struktur der Gesamtorganisation führen nur zu größerer Belastung und dienen letztlich als weiteres Werkzeug der Leistungsintensivierung.

Der agile Mitarbeiter ist stets der Gefahr der Selbstoptimierung und der daraus folgenden außerordentlichen selbst auferlegten Belastung ausgesetzt. In den agilen Umwelten, in denen ich arbeiten durfte, bin ich sehr wenigen faulen Menschen begegnet, dafür vielen extrem motivierten und ehrgeizigen Mitarbeiterinnen und Mitarbeitern, die in einem ständigen Wahn zur Selbstoptimierung steckten. Denn Agilität birgt das Potenzial zur Selbstausbeutung. Ein hochengagierter Mitarbeiter in einer agilen Umwelt, in der er flexibel seine Arbeit gestalten und selbstverantwortlich durchführen kann, wird nicht mehr auf die Stechuhr schauen. Im Gegenteil, er wird Arbeit und Freizeit verbinden. Er wird selbst an vielen Wochenenden arbeiten. Der Verzicht auf Privatleben und das Opfern der Freizeit kann eine gewisse Zeit lang gut gehen. Dieses Verhalten kann jedoch mittel- und langfristig die Gesundheit der Mitarbeiterin oder des Mitarbeiters und dadurch auch den Erfolg des Unternehmens gefährden. Daher sollten derartige Entwicklungen bei Führungskräften kritisch betrachtet werden.

Als neuer Mitarbeiter in einer agilen Organisation, einem blühenden Startup, habe ich zu Beginn auch am Wochenende regelmäßig einzelne Mails beantwortet. Dadurch habe ich jedoch einen Dammbruch verursacht, denn irgendwann erhielt ich regelmäßig am Samstag und Sonntag zwischen 10 und 20 Nachrichten von meinem Chef. Irgendwann weckte dies meinen Widerstand, da die Trennung zwischen Beruf und Freizeit nahezu aufgehoben war. Allerdings hatte ich selbst dieses Verhalten provoziert, da ich ihm signalisiert hatte, dass ich sogar am Wochenende für die Firma da bin.

Der Druck ist enorm, vor allem der selbstauferlegte Druck. Ein Kollege sagte mir, er würde sich die ganze Zeit so fühlen, als würde er all die Herausforderungen im Projekt nicht stemmen können. Er war ein toller Kollege und ich hatte mit ihm bereits an anderen Projekten gearbeitet, daher wusste ich, es liegt nicht an der Kompetenz, sondern viel mehr an der Überforderung mit der agilen Situation. Die agile Transformation muss durch einen Coach begleitet werden und dies nicht einfach durch einen zweitägigen Workshop einmal im Jahr.

Einige stehen so sehr unter Spannung und Erfolgsdruck, dass die Krankheitstage sich erhöhen und ein Mitarbeiter nach dem anderen immer stärker erschöpft. Faszinierend war die Reaktion eines Geschäftsführers, als ihm mitgeteilt wurde, seine Führungskraft habe eine vollkommene Erschöpfung. Er stellte fest, es läge wohl dran, dass er nicht führen könne, sonst hätte die Führungskraft es auch mit der Agilität geschafft. Agilität ist leider nicht immer Lösung.

4 | DIE EIGENSCHAFTEN DES AGILEN MITARBEITERS

Was macht den agilen Mitarbeiter aus? Nachdem wir im vorherigen Abschnitt gesehen haben, dass ein agiler Mitarbeiter „stark" sein muss, schildere ich dies nun anhand meiner Erfahrungen und basierend auf den spannenden Arbeiten von Daniel H. Pink, durch welche Säulen diese Stärke erreicht werden kann. Er betrachtete in seiner Publikation „Drive"[28] mehrere Studien aus der behavioural science zu den Themen Antrieb und Motivation. Er identifiziert drei Säulen:

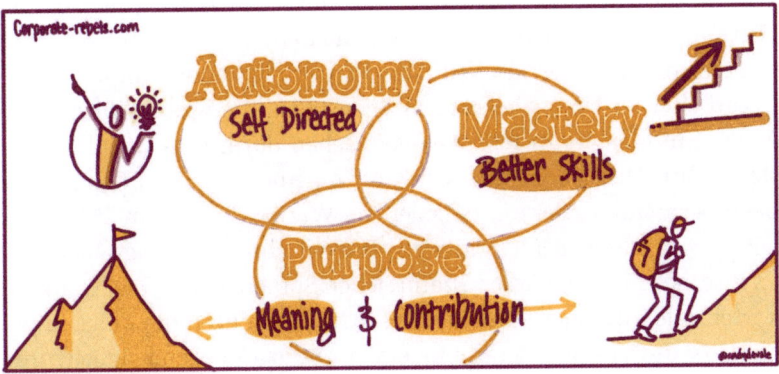

Abbildung 12: Die 3 Säulen nach Daniel H. Pink
Quelle: corporate-rebell.com[29]

Diese drei Säulen habe ich angepasst, da sie die wichtigsten für eine agile Haltung des Mitarbeiters sind:

---

28   Pink, D. H. (2009) Drive
29   https://corporate-rebels.com/dan-pink/

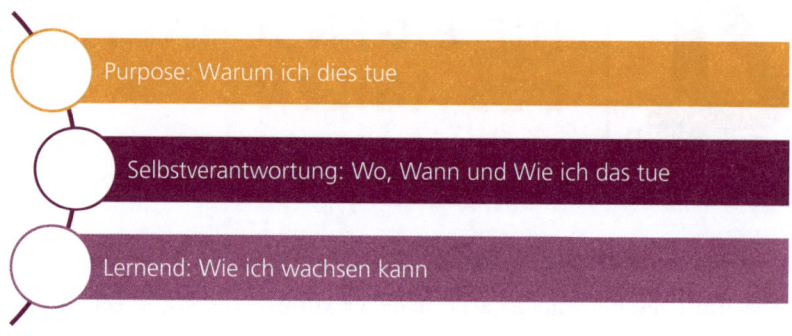

Abbildung 13: Die drei Säulen für eine agile Haltung des Mitarbeiters

4.1 | PURPOSE

Warum tue ich, was ich tue? Welchen Sinn sehe ich in meiner Arbeit? Diese erste Säule ist für mich die bedeutendste. Der Sinn oder der Nutzen hinter einer Tätigkeit. Das Warum zu kennen motiviert die Mitarbeiter zu Höchstleistungen. Menschen, die wissen, warum sie etwas tun oder ihren Job erledigen, sehen darin eine Erfüllung für sich selbst. Dies kann man sehr gut in gemeinnützigen Organisationen betrachten oder am Beispiel von Wikipedia, ein am 15. Januar 2001 gegründetes gemeinnütziges Projekt zur Erstellung einer freien Internet-Enzyklopädie in zahlreichen Sprachen. Das Ziel war klar: kostenfreie und tagesaktuelle Wissensteilung durch die Möglichkeit zur Co-Autorenschaft jedes Einzelnen. Die grundlegende Idee wurde von Jimmy Wales als Frage formuliert:

> „Was wäre, wenn das gesamte Wissen der Menschheit frei zugänglich wäre?"

Rund 20 Jahre danach ist Wikipedia weltweit in rund 300 Sprachversionen verfügbar. Es zählt 50 Millionen enzyklopädische Einträge. Die Wikipedia-Community ist mit rund 2,66 Mio. registrierten Autorinnen und Autoren eine der größten weltweit geworden.

Wozu aber braucht es überhaupt einen Sinn oder Zweck? Es ist der Zünder jeden Handels, der Motor intrinsischer Motivation. All das, was wir tun, dient oft einem größeren Ziel. Die Sinnfrage wird nicht nur im privaten Umfeld, sondern auch in Unternehmen und im Job gestellt. Wenn ich einen Purpose mit Leben fülle, schaffe ich es, dass meine Mitarbeiter bereits morgens mit Freude und Spaß aus dem Haus gehen, weil sie wissen, es warten Gleichgesinnte in der Arbeit. Um einen Purpose in Unternehmen, insbesondere auch in agile Organisationen einzuhauchen, wird mit Visionen und Missionen gearbeitet. Hiermit arbeitet man bereits seit Jahren im Silicon Valley, aber auch in Startups in Deutschland.

Zum Verständnis und zur Unterscheidung:

- Beide beantworten die Frage: Warum gibt es das Unternehmen überhaupt?
- Die Vision versammelt die Mitarbeiter hinter einem Ziel.
- Die Mission adressiert sich an Kunden und andere Interessengruppen.

Zur Veranschaulichung (siehe Abbildung 14) habe ich nun große Visionen und Missionen oder auf Neudeutsch Unternehmensleitbilder aus Technologie- und Nichttechnologie-Konzernen aufgelistet.

Es gibt aber auch deutsche spannende und knappe Visionen, die den Zweck verständlich darstellen, wie das Vision Statement des Schuhherstellers Birkenstock:

> „Wir wollen allen Menschen den Zugang zu unserem Fußbett ermöglichen. Denn wir glauben daran, dass entspannte Füße glücklich machen." [30]

Oder die Vision des Teeherstellers ChariTea, der fair handelt und Teile des Erlöses in Sozialprojekte in den Teeanbaugebieten einsetzt:

> „Teetrinkend die Welt verändern." [31]

---

30   https://www.birkenstock-group.com/de/de/marke/birkenstock/
31   https://charitea.com/ueber-uns/

Unternehmen	Vision	Mission
Adidas	To be the design leaders with a focus on getting the best out of the athletes with performance guaranteed products in the sports market globally	Strives to be the global leader in the sporting goods industry with brands built on a passion for sports and a sporting lifestyle
Apple	We believe that we are on the face of the earth to make great products and that's not changing	To bring the best user experience to its customers through its innovative hardware, software, and services
Starbucks	To establish Starbucks as the premier purveyor of the finest coffee in the world while maintaining our uncompromising principles while we grow	To inspire and nurture the human spirit – one person, one cup and one neighborhood at a time
Netflix	Becoming the best global entertainment distribution service	We promise our customers stellar service, our suppliers a valuable partner, our investors the prospects of sustained profitable growth, and our employees the allure of huge impact
Amazon	To be Earth's most customer-centric company, where customers can find and discover anything they might want to buy online	We strive to offer our customers the lowest possible prices, the best available selection, and the utmost convenience
SAP	Is to help the world run better and improve people's lives	Help every customer become a best-run business. We do this by delivering technology innovations that address the challenges of today and tomorrow without disrupting our customers' business operations
Samsung	Inspire the World, Create the future	Inspire the world with our innovative technologies, products and design that enrich people's lives and contribute to social prosperity by creating a new future

Abbildung 14: Unternehmensleitbilder großer Konzerne
Quelle: https://mission-statement.com/

Agiles Arbeiten – agile Führung

Eine Vision kann so einfach sein und den Menschen dadurch immer wieder vor Augen führen, wofür wir das tun, was wir tun. Dies war die wichtigste Aufforderung bei allen Startups, die ich begleitet habe: die Antwort auf die Fragen „Warum tun wir dies?" und „Welches Problem des Menschen lösen wir?" zu finden.

4.2 | SELBSTVERANTWORTUNG

Selbstverantwortung besteht aus zwei Komponenten, einerseits aus dem Ich und andererseits aus der Verantwortung. Verantwortung bedeutet, dass man sich für das Wohlergehen einer Person oder einer Sache zuständig fühlt. Positive oder negative Entwicklungen werden einer Person zugerechnet und es ist ihre Aufgabe, negative Entwicklungen zu vermeiden und positive Entwicklungen zu fördern. Die Entscheidung, Verantwortung zu übernehmen, wird von einer Person selbst getroffen. Damit eine Entscheidung getroffen werden kann, werden jedoch auch tatsächliche oder vielleicht auch nur gefühlte Freiräume benötigt. Nur durch die Existenz dieser Freiräume kann Selbstverantwortung entstehen.

In meinen ersten Nebenjobs habe ich sehr schnell gemerkt, wie eng mir das Korsett der damaligen Stelle war. Wie wenig ich selbst entscheiden konnte, wann, was, wie ich arbeiten konnte. Das war auch der Hauptgrund, warum ich studiert habe. Ich wollte eigenständig klare und bewusste Entscheidungen in meinem Job treffen können.

Organisationen und Unternehmen stellen Mitarbeiter und Führungskräfte dafür ein, dass sie Verantwortung übernehmen und Entscheidungen treffen. In meiner Zeit als Unternehmensberater habe ich immer wieder gemerkt, wie schwer es manchen Managern fällt, Entscheidungen zu treffen. Allzu häufig bestand die Aufgabe der beauftragten Unternehmensberatung darin, den Managern Entscheidungen abzunehmen oder ihnen zumindest Argumente zu liefern. Wenn die Entscheidung sich im Nachhinein als falsch herausstellen sollte, konnten sie sich auf Gutachten und Stellungnahmen von Dritten berufen und somit die Verantwortung abwälzen.

Eigentlich sollte man denken, jeder Vorstand, Geschäftsführer etc. sei bereits geschützt durch eine D&O-Versicherung, damit Fehlentscheidungen nicht zum privaten Ruin führen können. Nichtdestotrotz tun sich einige Manager schwer, bewusste Entscheidungen zu treffen. Dies erklärt auch das exorbitante Wachstum von Unternehmensberatungen in den letzten Jahren. Der Branchenumsatz der Unternehmensberatung von 2009 bis 2018 hat sich fast verdoppelt.

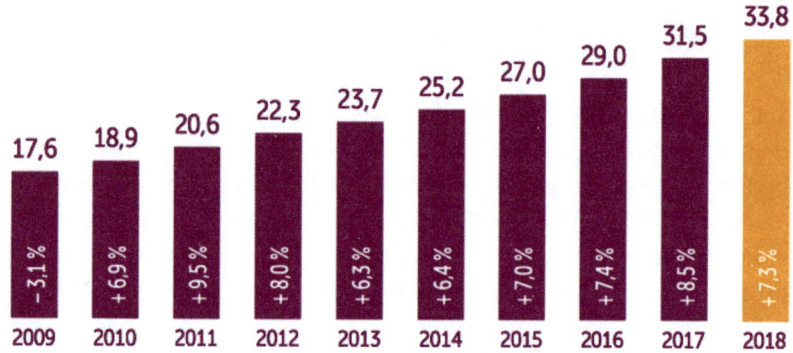

Abbildung 15: Entwicklung des Umsatzes der Unternehmensberatung in Milliarden Euro Quelle: BDU, Marktreport 2019, Facts and Figures

Hierzu muss man auch zugestehen, dass sich Umwelt und Geschäftsumfeld in vielen Unternehmen aktuell so schnell verändern, dass ständig Know-how von außerhalb benötigt wird. Unternehmensberatungen schaffen es durch ihre starken Research-Abteilungen sowie die Erfahrungen aus unterschiedlichen Branchen aktuell sehr gut, Markttrends frühzeitig aufzugreifen. Daher boomt die Branche immer stärker, obwohl sich Führungskräfte immer unsicherer bei den Themen der Transformation, Agilität und Digitalisierung sind.[32]

Diese Unsicherheit verstärkt die sinkende Bereitschaft zur Übernahme von Selbstverantwortung. Dies ist nur menschlich, denn der Mensch versucht dort, wo er sich unsicher ist, rational alle für ihn erkennbaren festen Komponenten von Szenarien durchzuspielen und diese dann

---

32 https://www.handelsblatt.com/unternehmen/dienstleister/consulting-boom-der-unternehmensberater-geht-ungebrochen-weiter/24102558.html?ticket=ST-629404-sOLziRnWWqbLaPUXzd2z-ap1

Agiles Arbeiten – agile Führung

auch in der Entscheidungsfindung einzusetzen. Daher ist es überaus wichtig, dies bereits ab dem ersten Arbeitstag den Mitarbeitern mitzugeben. Es ist elementar, den Freiraum der Entscheidung, den man hat, auch auszunutzen. Nicht auf die Entscheidungen der anderen zu warten, sondern sich bewusst zu entscheiden, einen Weg zu gehen und dazu zu stehen.

Gerne möchte ich den Abschnitt der Selbstverantwortung mit einem Zitat von jemanden beenden, der am meisten von Vorständen und Führungskräften zitiert wird, die oft selbst nicht den Mut haben zu entscheiden. Oft wird er von Führungskräften angehimmelt, ohne nachzuvollziehen, dass er genau das getan hat, wovor sie sich immer scheuen. Es geht um Steve Jobs.

„Deine Zeit ist begrenzt. Verschwende sie nicht damit, das Leben eines anderen zu leben. Lass nicht zu, dass der Lärm anderer Menschen deine eigene innere Stimme übertönt. Hab den Mut, deinem Herzen und deiner Intuition zu folgen."[33]
Steve Jobs

4.3 | LERNEND SEIN

Die letzte Säule für einen agilen Mitarbeiter ist ein Thema, welches mir wirklich am Herzen liegt. Auf dieses Thema werde ich im Rahmen dieses Buches immer wieder zurückkommen. Daher werde ich diesen Abschnitt an dieser Stelle kürzer halten. Daniel H. Pink bezeichnet es als Mastery, ich habe es hier mit Lernend sein überschrieben, weil es meiner Meinung nach aus zwei Komponenten besteht, welche für agile Mitarbeiter wichtig sind. Dem Jetzt und der Zielerreichung.

Lernend zu sein ist ein Prozess, den man nicht verbissen verfolgen sollte, ohne das Jetzt zu genießen, weil man nach dem vollkommenen Wissen strebt. Trotz des Lernens sollte das Jetzt im Vordergrund

---

33 Jobs, Steve; Stanford University, commencement address; 2005; https://news. stanford.edu/2005/06/14/jobs-061505/

stehen. Jetzt bin ich hier, mit all meinen Stärken, Schwächen, Kompetenzen und Mängeln. Ich habe Durst, mehr zu erfahren und bereits beim Trinken habe ich eine Erlösung, eine Erfrischung. Bereits in der Erfahrungssammlung im Arbeitsalltag kann ich lernen und zufrieden sein. Wichtig ist hierbei, sich persönlich die Zeit zur Reflexion zu nehmen und zu erkennen, was mich heute nach vorne gebracht hat und worüber ich mehr erfahren möchte. Wo wurde gerade an meine innere Tür geklopft und die Neugierde geweckt?

In der agilen Welt habe ich immer wieder Menschen kennengelernt, die versuchten, immer besser zu werden in ihren Fähigkeiten und Methoden im Scrum, Kanban etc. Dieses Streben nach Perfektion ist toll, man kann immer die eigenen Tools perfektionieren. Man kann die perfekte Sprache, mit dem perfekten Ton und dem perfekten Akzent sprechen, wenn ich aber keine Inhalte zum Sprechen habe, werde ich sehr sinnlose Monologe oder Dialoge führen.

Unter Lernend sein verstehe ich daher nicht nur Daniel H. Pinks Auffassung des Mastery oder die von Robert Greene in seinem Buch Mastery von 2012[34]: *„Perfekt werden in dem, was man tut, sich immer mehr optimieren".* Ich verstehe darunter vielmehr, die Offenheit zu behalten, neues Lernen zu wollen. Denn wir wissen nicht, wie die Arbeitswelt in 10 oder 20 Jahren aussehen wird. Der Typograph, der vor 20 Jahren dachte, er würde bis zum Lebensende diese Arbeit machen, schaut sich heute auch nach einem neuen Job um. Der Tankwart, der vor 15 Jahren noch in unsere Kindheitserinnerungen verankert war, ist vollkommen verschwunden. Der Reisebüroangestellte weiß heute nicht, ob es ihn in 10 Jahren noch geben wird. Daher ist es wichtig, eine mentale Neugierde zu haben, sich immer andere Felder anzuschauen und sich eventuell darin ausbilden zu lassen. Warum sollte ein Scrum Master nicht auch das Programmieren lernen? Warum sollte ein Product Owner in einer Versicherungsgesellschaft nicht auch die Seite des Versicherungsvermittlers kennenlernen?

Jeder hat eine große Verantwortung sich selbst gegenüber, nicht aufzuhören. Nicht aufzuhören, den Durst nach Wissen zu stillen und neugierig zu sein. Sonst wird das innere Ich verkümmern. Daher lade

---

34   Greene, R. (2012) Mastery.

ich jeden Einzelnen ein, einmal auf ein Klassentreffen zu gehen. Sie werden sehr schnell merken, wer es sich bequem gemacht hat und wer glaubt angekommen zu sein. Daher beende ich diesen Abschnitt mit den Worten von Alexander von Humboldt, der das Bildungsideal in Deutschland sehr stark geprägt hat. Der Forscher, der neugierig durch Wälder gegangen ist, ohne zu wissen, was auf ihn wartete, aber angetrieben von seinem Durst nach Wissen und Weiterentwicklung.

„Das Sein wird in seinem Umfang und inneren Sein vollständig erst als ein Gewordenes erkannt. Denken und Wissen sollten immer gleichen Schritt halten. Das Wissen bleibt sonst tot und unfruchtbar. Der Mensch muss das Gute und Große wollen."
Alexander von Humboldt

In diesem Abschnitt habe ich meine Gedanken und mein Verständnis zu und von einem agilen Mitarbeiter aufgeschrieben. Die Relevanz der Auseinandersetzung mit dem Thema der Arbeit ist heute höher denn je. Wichtig ist hierbei, sich immer wieder die Frage zu stellen, wie passt das individuelle Ich zu den Anforderungen der Tätigkeit, der Arbeitsumwelt und der Unternehmensziele. In einer schnelllebigen Organisation, in der Agilität als Ziel gesetzt wird, ist es noch viel wichtiger die Mitarbeiter auf diese Reise mitzunehmen.

So, wie Agilität nicht für jede Organisation, Bereich oder Tätigkeit zielführend ist, so ist nicht jeder Mensch für Agilität geschaffen. Agilität kann nicht nur sehr anstrengend sein, sondern auch zu körperlichen und geistigen Beschwerden führen, wenn der Mensch nicht damit umgehen kann und das Konzept der Agilität nicht zur Persönlichkeit passt.

Richtig verstandene und richtig eingeführte Agilität sowie begleitete agile Transformationen können eine hohe Produktivität erzeugen. Dies kann dann erfolgreich sein, wenn der agile Mitarbeiter und seine Führungskraft sich Folgendes immer wieder bewusst machen:

Agile Haltung des Mitarbeiters	
Purpose	Uns wieder auf den eigentlichen Sinn und Zweck der Organisation fokussieren, dem Kunden/User einen Nutzen zu liefern und alles Unnötige, was nicht darauf hinwirkt, weglassen
Selbstverantwortung	Vertrauen schenken, selbstständiges Handeln ermöglichen und verhindernde Kontrollinstrumente beseitigen
Lernend sein	Das Lernen von- und miteinander, um mit den Herausforderungen zu wachsen. Offenheit und Neugierde entwickeln und beibehalten

5 BENEDIKTINISCHE ANMERKUNGEN ZU KAPITEL 4

Der Blick in diesem Kapitel geht vor allem auf den Mitarbeiter, bei Benedikt richtet sich der Blick in seiner Regel meist auf den einzelnen Mönch: Wie kann ihm geholfen werden, seiner ursprünglichen Berufung, sein Leben lang Gott zu suchen, gerecht zu werden?

Im sechsten Jahrhundert war die Lebenserwartung nicht so hoch wie heute im 21. Der Mensch erlebte meist sein 50. Lebensjahr nicht mehr. Das lag sicher an der unzureichenden, oft einseitigen Ernährung, an vielerlei Krankheiten, deren Ursprung man noch nicht kannte, statistisch schlug sicher auch die hohe Kindersterblichkeit zu Buche. Man bedenke, dass bis ins hohe Mittelalter der klösterliche Nachwuchs durch Oblation (Darbringung) von Kindern bereitgestellt wurde. Der heilige Bonifatius, der spätere Apostel der Deutschen, kam z. B. als Knabe in sein britisches Kloster Exeter bei Southampton. Mag auch die pharmazeutische Versorgung in den Klöstern durch die hauseigenen Apotheken kompetenter gewesen sein als bei der außerklösterlichen Bevölkerung, die Mahlzeiten etwas abwechslungsreicher, so weisen doch die Totenroteln und untersuchten Skelette in den Gräbern auf die kurzen Lebenszeiten der meisten Mönche hin. Gelübde auf Lebenszeit bedeuteten deshalb etwas anderes als heutzutage in unseren Breiten, da die meisten Menschen ein hohes Alter erreichen.

„Agilität ist nicht das Allheilmittel für alles und jeden." So steht es im 4. Kapitel dieses Buches. Diese banale Feststellung weist auf eine große Fehleinschätzung unserer Führungskultur hin. Wir möchten alle Ereignisse und alle Menschen, mit denen wir zu tun haben, gern in Kästchen oder Schubladen ablegen, die wir mit einem für alle darin befindlichen Individuen gleichen Etikett versehen. Benedikt warnt seinen Abt immer wieder vor solch einer Einschätzung seiner Mönche: „Er muss wissen, welch schwierige und mühevolle Aufgabe er auf sich nimmt: Menschen zu führen und der Eigenart vieler zu dienen. Muss er doch dem einen mit gewinnenden, dem anderen mit tadelnden, dem dritten mit überzeugenden Worten begegnen" (RB 2, 31). Dies bezieht seine Rechtfertigung aus dem antiken Begriff der Gerechtigkeit. Man kann es nicht oft genug wiederholen: Unsere modernen Massengesellschaften begegnen den Menschen mit dem Prinzip „Allen das Gleiche". Dies verführt zu Kategorisierung und Gleichmacherei. Wenn jemand nicht in die Schublade passt, dann wird er eben passend gemacht. Dies erleichtert scheinbar den Umgang miteinander, besonders mit sogenannten „Untergebenen". Ich kann grundsätzlich nicht andere Menschen, sondern nur mich selbst ändern. Wir versuchen es immer wieder und scheitern damit. Ich kann andere Menschen für eine gewisse Zeit zwingen ihr Verhalten zu ändern, aber nicht ihren Wesenskern. Je länger und mehr beides auseinanderfallen soll, desto heftiger wird der Frust. Benedikt wusste das und stand damit ganz in der Tradition der Weisheit der Alten. Aristoteles, einer der großen drei Erzphilosophen der griechischen Antike, definiert in seiner Nikomachischen Ethik Gerechtigkeit mit dem Prinzip: „Jedem das Seine." Gerechtigkeit kann ich anderen nicht überstülpen, sondern muss ich erfahren, erspüren, erahnen. Dadurch werde ich anderen Menschen nicht gerecht durch Gleichmacherei, sondern durch Akzeptanz der Individualität. Die Mühsal, von der Benedikt im 2. Kapitel seiner Regel spricht, besteht gerade in diesem Bemühen, dem Einzelnen gerecht zu werden.

Menschen führen heißt demnach, Zeit und Mühe investieren, um die individuellen Talente, Begabungen, Kenntnisse, Wissenserfahrungen zum Klingen zu bringen. Es lässt sich vergleichen mit der Kunst eines Dirigenten, der die verschiedenen Instrumente und Instrumentengruppen im Zusammenklang der Verschiedenheit zu einem gemeinsamen Tempo und oft unterschiedlicher Dynamik zusammenführt.

Unternehmen müssen heute den Sinn des Arbeitens für ihre Mitarbeiter definieren. Bloßes „Malochen" ohne innere Beteiligung führt auf Dauer zu mangelndem Engagement. Daher versucht man die Mitarbeiter hinter einem gemeinsamen Ziel zu versammeln.

Ein Kloster tut sich da wohl leichter. Es hat den Sinn seiner Existenz und seines Tuns in dem Grundsatz „vacare deo" – für Gott frei sein. Dies lernt der Mönch durch die Konzentration auf die berühmten drei „O's": opus dei – Gottesdienst; oboedientia – Gehorsam; opprobria – Widerwärtigkeiten. Gemeinsam ist den drei Haltungen das Hinhören und aufmerksame Wahrnehmen. Um es mit heutigen Begriffen auszudrücken: es geht um Mindfulness – Achtsamkeit. Der Mönch hört auf Gott, er hört auf die Weisung des Abtes und der Mitbrüder und er hört in sich hinein: Wie reagiert er auf die Schwierigkeiten, die ein Leben in Gemeinschaft mit sich bringt?

KAPITEL 5

Der agile Mensch – Agilität benötigt ein starkes Ich

Die größte Herausforderung der letzten Jahre für Manager und Führungskräfte war die Corona-Krise. Im Rahmen des Lockdowns wurden tausende, wenn nicht Millionen von Mitarbeiterinnen und Mitarbeiter nach Hause ins Zwangs-Home-Office geschickt. Viele Chefs hatten große Sorgen, wie dies funktionieren soll. Sie hatten Angst, die Mitarbeiter würden entspannt eine ruhige Kugel schieben. Die Wirklichkeit war anders. Die Produktivität stieg, die Mitarbeiter konnten sich ihre Arbeit einteilen und es blieben von vielen unnötigen Meetings verschont, die ihre tatsächliche Arbeit regelmäßig nur in die frühen Morgen- oder Abendstunden verschob.

Auch ich hatte das Gefühl, dass viele Mitarbeiterinnen und Mitarbeiter viel mehr arbeiteten, wobei es einigen gelang, sich rasch auf die veränderten Bedingungen einzustellen, während andere sich schwer mit dem neuen Arbeitsumfeld arrangieren konnten. Die Schwierigkeiten begannen teilweise bereits mit dem Umgang mit ungewohnten Techniken, wie beispielsweise Videokonferenzen. Während einige Mitarbeiterinnen und Mitarbeiter rasch erkannten, dass die Videokonferenzen dank der Stummschaltungsfunktion die Möglichkeit boten, nebenbei unbemerkt Telefonate zu führen und somit die teilweise unproduktive Zeit in langen Meetings sinnvoll zu nutzen, klagten andere Mitarbeiterinnen und Mitarbeiter darüber, dass nun jeder weiß, wie es bei ihnen zu Hause aussieht. Erst nach einigen Wochen erkannten wir, dass es bei Videokonferenzen noch notwendiger als bei Präsenzveranstaltungen ist, dass nach spätestens 90 Minuten eine 15-minütige Pause eingelegt wird, die es jedem ermöglicht, kurz zu entspannen oder einen Kaffee zu holen. Persönlich merkte auch ich abends die Leere in meinem Kopf, nachdem ich stundenlang digitale Meetings durchgeführt hatte.

Der eine hat sich der neuen Herausforderung sehr schnell angepasst und sich darauf eingestellt, der andere tat sich sehr schwer mit der Umwandlung des Arbeitsalltags. Der Mitarbeiter hatte aber auch die Zeit nachzudenken und den eigenen Status quo zu reflektieren. Es zeigte sich in dieser Zeit, wessen Persönlichkeit eher für eine agile Arbeitswelt und wessen Persönlichkeit eher für eine starre, strukturierte Arbeitswelt geeignet war. Die explosionsartige Veränderung hatte den Mitarbeiter entweder erschrocken oder er hatte das Beste daraus gemacht und sich ebenso schnell angepasst.

Es stellt sich daher die Frage, wie eine Belegschaft aufgebaut werden kann, die vor neuen Herausforderungen und Veränderungsnotwendigkeiten nicht erschrickt und entmutigen lässt, sondern die die Chancen sieht und Arbeitsweisen in einem veränderten Umfeld rasch anpasst.

Gibt es überhaupt eine agile Persönlichkeit? Die Suche nach psychologischen Studien oder Aufsätzen in Datenbanken und Suchmaschinen ist wenig erfolgreich. Die Psychologie scheint aktuell das Thema Agilität noch als einen Begriff der Wirtschaft zu betrachten und die Auswirkungen auf Seele und Körper noch nicht als Forschungsgebiet entdeckt zu haben. Am ehesten können wir Ansätze von Agilität in dem Bereich der emotionalen Psychologie entdecken. Der Begriff der Emotionalen Intelligenz wurde in den 90er Jahren von den Psychologen John D. Mayer und Peter Salovey eingeführt. Sie subsumieren hierunter:

„Emotional intelligence (EI) refers to the ability to perceive, control, and evaluate emotions."[35]

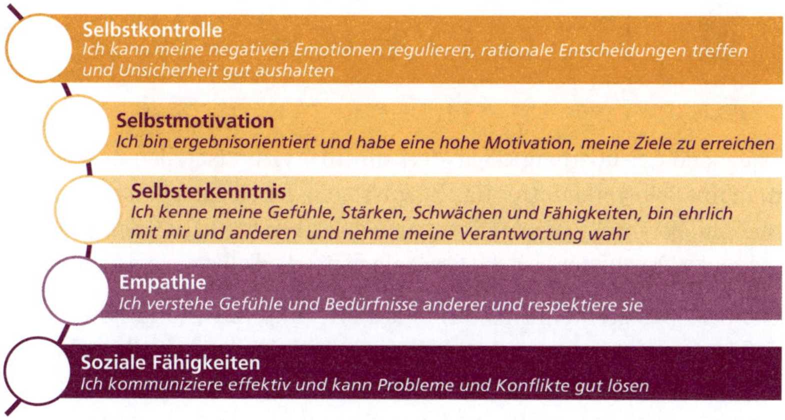

Selbstkontrolle
Ich kann meine negativen Emotionen regulieren, rationale Entscheidungen treffen und Unsicherheit gut aushalten

Selbstmotivation
Ich bin ergebnisorientiert und habe eine hohe Motivation, meine Ziele zu erreichen

Selbsterkenntnis
Ich kenne meine Gefühle, Stärken, Schwächen und Fähigkeiten, bin ehrlich mit mir und anderen und nehme meine Verantwortung wahr

Empathie
Ich verstehe Gefühle und Bedürfnisse anderer und respektiere sie

Soziale Fähigkeiten
Ich kommuniziere effektiv und kann Probleme und Konflikte gut lösen

Abbildung 16: Charaktereigenschaften, die für einen hohen Grad an Agilität sprechen
Quelle: Basierend auf der Abbildung von Zirkler, M., Werkmann-Karcher, B. (2020) Persönlichkeit und Agilität, in: Psychologie der Agilität[36]

---

35   Mayer, J./Salovey, P. (1990). Emotional Intelligence in Journal Indexing & Metrics.
36   Zirkler M./Werkmann-Karcher B./Grolimund, D. (2020). Psychologie der Agilität: Lernwege für Individuen und Teams.

Die Psychologen Hosein und Yousefi[37] haben die Emotionale Psychologie in den 2000er Jahren in ihren Arbeiten aufgegriffen und mit Agilität verbunden.

In den Studien von Hosein und Yousefi wurde festgestellt, dass emotionale Intelligenz auf der Ebene des Individuums die Agilität der ganzen Organisation beeinflusst. Sie konnten feststellen, dass Selbsterkenntnis, Selbstkontrolle, Selbstmotivation und auch Empathie und soziale Fähigkeiten einen positiven Einfluss auf die Agilität haben. Dies bestärkt meine Meinung, dass nur ein starkes Ich in der Agilität überleben kann. Dieses starke Ich beginnt mit der Selbsterkenntnis.

1 SELBSTERKENNTNIS – BASIS FÜR DAS STARKE ICH

Was bedeutet überhaupt Selbsterkenntnis? Grundsätzlich bezeichnet man mit Selbsterkenntnis das Bewusstsein der eigenen Person im Hinblick auf bestimmte Fähigkeiten und Fehler. Für Freud ist Selbsterkenntnis in der Psychoanalyse die Grundlage für die Selbstverwirklichung.

Oft wird Selbsterkenntnis durch äußere Faktoren erlangt, durch die Erfahrungen, die man sammelt. Eine weitere Quelle der Selbsterkenntnis kann das Spiegeln des eigenen Verhaltens durch andere sein. Diese Bewertungen sind zu überprüfen und das eigene Verhalten schließlich zu hinterfragen und zu deuten. Das Erkennen des eigenen Ichs ist aber erst dann erreicht, wenn klare Antworten auf folgende Fragen möglich sind:

- ◆ Was macht mich aus?
- ◆ Was ist typisch für mich?

---

37 Hosein, Z./Yousefi, A. (2015). The Role of Emotional Intelligence on Workforce Agility in the Workplace. International journal of psychological studies.

- Was sind meine Fähigkeiten?
- Was sind meine Ziele?
- Was sind meine Träume?

Nur wer weiß, wer er ist und was er möchte, kann eine Veränderung starten oder sich an Umgebungen anpassen. Veränderung kann nur erfolgen, wenn es einen festen Standpunkt gibt, von dem aus gestartet werden kann. Leider werden wir heute dauerhaft von Reizen der Außenwelt bombardiert, sodass wir unsere innere Stimme immer weniger hören. Wir spüren gar nicht mehr, was in uns steckt. Wir sind so von Reizen überflutet, dass ich manchmal den Eindruck habe, dass wir alle unter der Einwirkung von Marihuana in einer Wolke des Nichtreflektierens sind. Ich kenne Menschen, die fast Angst haben eine Minute ruhig zu sein. Auf der Fahrt zur Arbeit hören sie zum x-ten Mal ihre Playlist oder ein Hörbuch, auf dem Rückweg telefonieren sie wild durch die Gegend, beim Joggen hören sie irgendwelche Podcasts und am Abend warten Amazon Prime oder Netflix, um mit aufregenden Serien und Filmen den Abend entspannt auf der Couch ausklingen zu lassen. Es gab keine Minute der Ruhe, die ein Nachdenken über sich oder die aktuelle Situation erlaubt hätte.

Auf der einen Seite lassen wir uns benebeln, und auf der anderen Seite sind wir im ständigen Streben nach Glück und Vollkommenheit. Die Griechen hatten hierfür den Begriff „Eudaimonia", was wörtlich übersetzt bedeutet, mit einem guten Dämon verbunden zu sein. Eudaimonia war für die Griechen aber nicht als etwas, was durch äußere Faktoren erreicht wird, sondern ein Zustand, der sich aus der richtigen Lebensweise ergibt. Die richtige Lebensweise beinhaltete für die Griechen Selbstgenügsamkeit, Disziplin und Tugend. Heute, in der agilen Arbeitswelt, im Privatleben und in der Freizeit ist es die Selbstoptimierung. Wir streben nach kontinuierlicher Selbstoptimierung. Im Job wird Weiterentwicklung groß geschrieben, in der Partnerschaft sind hohe Erwartungen zu erfüllen und in der Freizeit muss man noch den Körper stählen und gesund halten.

Es ist auffällig, dass Agilität immer mit jungen, gutaussehenden, vermeintlich flexiblen Menschen illustriert wird. Es könnte der Eindruck entstehen, Agilität sei nichts für Menschen über 40, insbesondere nicht für diejenigen, die nicht in den hippen Fitnessstudios der Großstädte trainieren. Daher wird weiter am jung aussehenden Körper gearbeitet.

Genau in diesem Konflikt zwischen Selbstoptimierung und Streben nach Glück suchen wir die Selbsterkenntnis. Wer bin ich wirklich? Wie kann ich mich selbst verwirklichen? Wie kann ich mein Glück finden?

Die moderne Hirnforschung hat uns klar dargestellt, dass alte Redewendungen wie: „Was Hänschen nicht lernt, lernt Hans nimmermehr" nicht auf Tatsachen beruhen. Wir können in jedem Alter neues Wissen, neue Fähigkeiten, neue Verhaltensweisen entwickeln und erlernen. Wir können auch die Art und Weise unseres Denkens jederzeit anpassen.[38]

Diese Erkenntnisse aus der Hirnforschung waren die Basis für die Arbeiten der Stanford-Psychologie-Professorin Carol Dweck, die von einem „Growth Mindset"[39] spricht. Sie geht davon aus, dass wir mithilfe von Fleiß und gezielten Übungen unsere Qualitäten verbessern und aufbauen können.

Angela Duckworth, die Autorin des Buches GRIT[40], bestätigt in ihrer Arbeit, dass nicht Talent den Menschen erfolgreich macht, sondern Leidenschaft und Durchhaltevermögen.

Weiter belegt die Hirnforschung, dass Glück trainierbar ist und ganz wesentlich von unseren Einstellungen zum Leben abhängt. Das bedeutet, dass unsere Grundlage neu programmiert werden kann. Unsere Hardware kann bereits veraltet sein, aber der Geist kann ein Update erhalten. Es sind diese Gedanken, die das Agilitäts-Konzept für mich faszinierend machen: Agilität basiert auf der Überzeugung, dass Veränderungen – auch in der Persönlichkeit – möglich sind. Hierbei denke ich immer an die Worte des Guru Jiddu Krishnamurti (Autor von: „Freedom from the Known")

---

38 Purps-Pardigol, S. (2015). Führen mit Hirn: Mitarbeiter begeistern und Unternehmenserfolg steigern.

39 Dweck, C. (2017). Mindset – Updated Edition: Charging The Way you think to Fulfil Your Potential.

40 Duckworth, A./Wolter, K. (2020). GRIT. Die neue Formel zum Erfolg. Mit Begeisterung und Ausdauer ans Ziel.

Agiles Arbeiten – agile Führung

„You yourself are the teacher and the pupil; you are the Master; you are the guru; you are the leader; you are everything. And to understand is to transform what is. I think that will be enough, won't it?"[41]

Selbsterkenntnis ist also nicht nur ein punktueller Zustand der Reflexion, sondern eine Grundhaltung, sich immer wieder infrage zu stellen. Wenn über Grundhaltungen und Einstellungen in der Management-Literatur im Zusammenhang von Agilität geschrieben wird, dann wird häufig das agile Mindset genannt. Diesem wollen wir uns nun widmen.

2 | AGILES MINDSET

Agiles Mindset ist leider bei Managern und Führungskräften zum Buzzword geworden. Alle sprechen davon – und jeder versteht darunter etwas anderes. Dies führt dazu, dass jede Führungskraft mit agilem Mindset das verbindet, was ihr gerade in den Sinn kommt. Eine Führungskraft erzählte mir einmal mit großem Selbstbewusstsein, agiles Mindset bedeute die Ziele zum Wohl des Unternehmens erreichen zu wollen. Dazu müsse der Arbeitnehmer so anpassungsfähig wie möglich sein und so motiviert, dass er gerne Überstunden mache. Diese Führungskraft verstand unter einem agilen Mindset die Bereitschaft des Mitarbeiters, sich versklaven zu lassen, solange er sich einigermaßen wohl im Unternehmen fühlt.

Ich habe in den letzten Jahren immer wieder Führungskräfte danach gefragt, was sie unter einem agilen Mindset verstehen. Jeder hat etwas

---

41   Krishnamurti, J. (1969). Freedom from the known.

anderes darunter verstanden. Besser gesagt, jeder hat einen anderen Aspekt betont. Eigentlich konnte mir keiner exakt sagen, was genau darunter verstanden wird.

Hier eine beispielhafte Auflistung:

- Offenheit für Veränderungen
- Notwendigkeit für Veränderungen verstehen
- Positive Haltung
- Kontinuierliche Verbesserung und Lernen/Bereitschaft, kontinuierlich neues Wissen zu erlangen
- Motiviert sein
- Offenheit für Kritik und Feedback/Bedeutung von Retrospektiven verstehen
- Offenheit für andere
- Pragmatismus
- Individuelle Initiative
- Mut
- Pragmatismus im Alltag
- Commitment
- Kreativität und Innovation
- Visionär sein
- Verantwortungsbereitschaft
- Selbstorganisation

Bisher habe ich in der Wissenschaft keine klare Definition des agilen Mindsets gefunden, die alles beinhaltet, was darunter subsumiert wird. Vielleicht können wir anhand der vorhandenen wissenschaftlichen Arbeiten, z. B. von der oben bereits erwähnten Carol Dweck lernen, die 2006 das Buch: „Mindset: The New Psychology of Success" veröffentlicht hatte. Sie unterscheidet zwischen Growth Mindset und Fixed Mindset.

Welches Mindset soll also ein Mitarbeiter in einer agilen Umwelt haben? Aus meiner persönlichen Erfahrung glaube ich, dass Mitarbeiterinnen und Mitarbeiter, die über ein Growth Mindset verfügen, besser für ein agiles Umfeld geeignet sind. Sie verfügen über eine Wissbegierde und Lernfreude und wollen sich stetig verbessern und wachsen.

Growth Mindset	Fixed Mindset
Wachstumsorientiertes Denken	Statische Denkhaltung
Willen zur Aufgabenlösung	Glaube an angeborene Fähigkeiten (nicht erworbene)
Wissensdurst	Vermeidung von Herausforderungen aus Angst zu scheitern
Weiterentwicklung der eigenen Fähigkeiten	Lernen auf Basis extrinsischer Anreize (z. B. Gehalt, Position)
Nutzung von Fehlern und Feedbacks als Quelle für die Weiterentwicklung	Fehler werden als Abwertung der eigenen Person angesehen

Abbildung 17: Vergleich Growth Mindset und Fixed Mindset
Quelle: C. Dweck, Mindset: The New Psychology of Success, 2006

Diese Mitarbeiterinnen und Mitarbeiter reflektieren die Vergangenheit und die gegenwärtige Situation, um die Zukunft zu verbessern.

3 | SELBSTORGANISATION

Selbstorganisation sollte meiner Meinung nach von der Selbstführung stark abgegrenzt werden. Unter Selbstführung verstehe ich eine klare Auseinandersetzung mit dem Ich und die ständige Weiterentwicklung der Persönlichkeit. Auch die Selbstführung ist meiner Meinung nach grundlegend für die agile Arbeitswelt, wäre aber ein eigenes Buch wert.

In diesem Abschnitt verstehe ich Selbstorganisation eher im Sinne des systemischen Begriffs aus der Systemtheorie, nämlich als die Erreichung von höheren strukturellen Ordnungen, ohne dass äußerlich steuernde Elemente diesen Prozess lenken.

Ich habe bereits im ersten Kapitel betont, wie wichtig in der agilen Welt die Menschenbilder sind, die in den Köpfen der Führungskräfte und in den Kulturen der Unternehmen verankert sind.

Grundsätzlich gibt es zwei Menschenbilder:

Menschenbild A sieht den Menschen als arbeitsunwillig, mit einer angeborenen Abneigung gegen Arbeit. Er muss meistens gezwungen, gelenkt, geführt und mit Strafe bedroht werden, damit er arbeitet und im Sinne der Organisationsziele handelt. Die Motivation kommt von außen und wird dem Menschen aufgezwungen. Menschenbild B sieht den Menschen dagegen als arbeitswillig, er ist hochmotiviert. Die Motivation kommt von innen. Externe Motivation ist nicht nötig. Der MIT-Professor Donald McGregor nannte es 1960 die X-Menschen und die Y-Menschen.[42] Das zweite Menschenbild ist das Menschenbild der agilen Arbeitswelt. Die Mitarbeiter sind hochqualifiziert, sie haben die Fähigkeit, sich selbst zu organisieren und zu führen. In einer Umwelt, in der Befehl und Kontrolle herrschen, fühlen sich sehr unwohl und demotiviert.

Daher ist der agile Mitarbeiter auf Selbstorganisation gerichtet, er zielt auf selbstständige Arbeit und er möchte Verantwortung übernehmen. Daher erwartet der agile Mitarbeiter von seiner Führungskraft nicht Befehle und Kontrollinstrumente, sondern Unterstützung und Wegbegleitung. Der agile Mitarbeiter erwartet, dass die Führungskraft mit anpackt und gemeinsam auch als Teil des Teams mitarbeitet. Genau hier beginnt die Arbeit, eine Führungskraft muss hier ein neues Handwerk erlernen: Führen zur Selbstführung.

Selbstorganisation ist ein komplexes Geschehen, nicht nur auf der Ebene des Mitarbeiters, der sie einfordert, sondern auch auf Ebene der Führungskraft und auf Ebene der Organisation. Im Grunde stehen immer der Mensch und seine Bedürfnisse im Fokus. Der Mensch möchte etwas erschaffen, mitgestalten, er möchte ein Ziel haben. Menschen werden ihren Führungskräften dann folgen, wenn ihre eigenen Bedürfnisse durch das geführt werden befriedigt werden.[43]

In den letzten Jahren habe ich des Öfteren erfahren können, wie junge Menschen, die in das Berufsleben starteten, selbst anpacken wollten;

---

42   McGregor, D. (1960). The Human Side of Enterprise.
43   Gloger, B./Rösner, D. (2017). Selbstorganisation braucht Führung

wahrscheinlich ist dieser innere Trieb im Menschen bereits immer da. Früher hatten aber Berufsanfänger wenig zu melden und standen am unteren Ende von langen Hierarchieleitern. Heute werden jedoch diese jungen Menschen ernst genommen, ihre Stimmen werden gehört und als sinnvoll und wichtig bewertet.

Aber wie kann Selbstorganisation gefördert werden? Hierzu hat der Musikstreamingdienst Spotify, einer der Vorreiter in der Umsetzung agiler Methoden, eine sehr schöne Idee entwickelt. Selbstorganisation wird als Ergebnis des Zusammenspiels zwischen Alignment und Autonomie betrachtet. Alignment ist die Orientierung an einem Ziel, Autonomie umfasst die Freiheitsgrade zur Erreichung des Ziels.

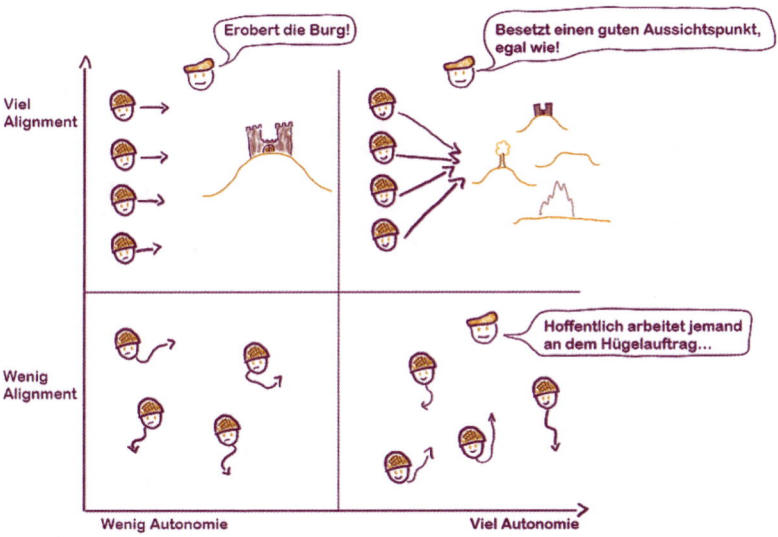

Abbildung 18: Zusammenspiel von Alignment und Autonomie
Quelle: MID Blog[44]

---

44   http://blog.mid.de/selbstorganisation-wie-man-sie-am-besten-kaputt-macht-und-wege-aus-der-misere

Danach besteht die größte Herausforderung darin, die goldene Mitte zu finden zwischen Zielfokussierung und dem Grad an Freiheit.[45]

Aus den Erfahrungen der letzten Jahre war dies immer wieder eine der größten Herausforderungen mit meinen Mitarbeitern, nämlich die Balance zu finden zwischen der Formulierung und Visualisierung eines Ziels und dem Bewahren der Autonomie der Mitarbeiter, da ich ihnen keinen Weg vorschreiben wollte. Ich bin der festen Überzeugung, dass Selbstorganisation auf beiden Seiten, Führungskraft und Mitarbeiter, gelernt werden muss. Hier brauchen beide Unterstützung von Coaches, die immer wieder eine externe Sicht einbringen und zur gemeinsamen Reflexion anregen.

4 | DER AGILE MENSCH UND DIE PSYCHOLOGIE

Am Ende dieses Abschnitts möchte ich die drei wichtigsten Grundsteine oder die Säulen, auf denen der agile Mitarbeiter steht, den Faktoren gegenüberstellen, die in der Psychologie bzw. in der kognitiven Verhaltenstherapie als wesentlich für psychische Veränderungen erachtet werden. Die kognitive Verhaltenstherapie ist die modernste, wissenschaftlich am besten erforschte und wirksamste Psychotherapieform unserer Zeit. Knapp zusammengefasst: „Sie denken, wie Sie fühlen." Die kognitive Verhaltenstherapie betrachtet aber auch das Verhalten, denn das Handeln des Menschen wird natürlich von den Gefühlen beeinflusst. Somit kann sich Handeln positiv oder negativ auf das Fühlen auswirken. Denken, Fühlen und Handeln stehen in

---

45   Quelle: https://blog.mid.de/selbstorganisation-wie-man-sie-am-besten-kaputtmacht-und-wege-aus-der-misere

Wechselwirkung und sind der Kern der kognitiven Verhaltenstherapie.[46]

Ein Beispiel:

Ich denke, ich schaffe die Aufgabe im Projekt nicht und ich fühle mich daher traurig und mutlos. In meiner niedergeschlagenen Stimmung erledige ich viele Organisationsaufgaben, kümmere mich aber nicht um die Folien, die wirklich notwendig sind. Spätestens beim nächsten Teammeeting oder Status-quo-Meeting zum Projekt werde ich den Unmut meiner Kollegen oder Vorgesetzten erfahren. Wegen mir wird dann die Statusampel des Projekts auf Gelb gesetzt. Ich fühle mich ungerecht behandelt, da ich doch alles Organisatorische erledigt habe. Ich werde mich niedergeschlagener, trauriger fühlen und mich zurückziehen. Ich werde denken, dass ich das ganze Projekt nicht schaffen werde und bin dadurch unmotivierter, unkonzentrierter und lustloser. Dadurch fokussiere ich mich weiterhin auf die falschen Prioritäten. Folge wird sein, dass ich in der darauffolgenden Woche im nächsten Status-quo-Meeting erneut mit Unmut der Kollegen und Vorgesetzten bestraft werde. Es beginnt eine Negativ-Spirale.

Ein weiteres Beispiel aus dem agilen Alltag:

Ein Teammitglied ist immer sehr direkt in seinen Aussagen, achtet dabei nicht auf Höflichkeitsformen und wird immer sehr emotional. Sein Vorgesetzter nimmt dieses Verhalten des Mitarbeiters als Missachtung und Respektlosigkeit gegenüber seiner Vorgesetztenrolle wahr. Der Vorgesetzte denkt, er werde so behandelt, weil der Mitarbeiter ihm keine Kompetenzen zuspricht. Der Vorgesetzte fühlt sich nicht verstanden und nicht akzeptiert. Seinem Gefühl nach werden sein Ich und sein Selbstverständnis infrage gestellt. Dies bewegt ihn dazu, unsicher in seinem Verhalten zu werden und dem Mitarbeiter mit besonderer Vorsicht zu begegnen und keine klaren Aussagen zu treffen. Das wiederum begünstigt, dass der Mitarbeiter tatsächlich den Vorgesetzten zunehmend für weniger kompetent hält und keinen Anlass sieht, sein Verhalten zu hinterfragen.

---

46   Hansch, D. (2003). Erste Hilfe für die Psyche. Selbsthilfe und Psychotherapie. Die wichtigsten Therapieformen.

Wenn wir eine Minute reflektieren, werden wir erkennen, dass wir immer wieder im Alltag, nicht nur im Beruflichen, sondern auch in der Freizeit, in der Familie und beim Sport mit den eigenen Deutungen konfrontiert sind und dass jederzeit ein Teufelskreis aus Denken, Fühlen und Handeln beginnen kann. Man spricht in der Psychologie auch vom Depressionsdreieck. Dem Dreieck wird in der Depressionstherapie viel Platz eingeräumt, um die Neustrukturierung des Denkens und Fühlens zu ermöglichen. Ich habe mich dessen bedient, um die Zusammensetzung der wichtigsten Säulen der Eigenschaften des agilen Mitarbeiters noch stärker zu verdeutlichen. Auch diese stehen in Wechselwirkung zueinander.

Die Selbsterkenntnis, das Wissen über sich selbst, die eigene Ziele sowie Träume ermöglichen eine Sicht über sich selbst. Diese Sicht ermöglicht ein eigenes Denken bzw. ein agiles Mindset. Wenn ich motiviert durch mein Mindset und aufgrund meines Selbstverständnisses als Mitarbeiter Eigenverantwortung übernehme, lernwillig bin und nach ständiger Weiterentwicklung strebe, dann werde ich selbstverständlich auch selbstorganisiert arbeiten. Je mehr ich mich selbst organisiere, desto mehr präge ich mein agiles Mindset und je mehr Erfolg oder Misserfolg ich damit habe, desto tiefer wird meine Selbsterkenntnis.

Ich habe aus zwei Gründen diese Verbindung zwischen Agilität und Psychologie aufgebaut: Einerseits, da in der gesamten Diskussion über Agilität der Mensch in seinem Denken, Fühlen und Handeln häufig nur

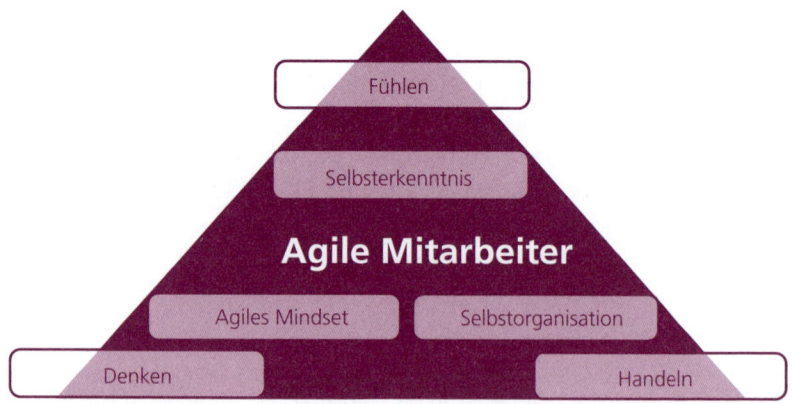

Abbildung 19: Depressionsdreieck

sehr geringe Beachtung erfährt. Andererseits, weil ich klar darstellen möchte, dass Agilität nicht nur eine Veränderung der Organisation bedeutet, sondern auch eine Weiterentwicklung des Mitarbeiters in seinem Selbstverständnis.

Aus der modernen Neurobiologie und aus der Entwicklungspsychologie wissen wir, dass sich das Individuum in einem ständigen Veränderungsprozess befindet. Das Bewusstsein kann immer wieder lernen und reifen. Wichtig ist die Erkenntnis, dass Wachsen und neues Erlernen für jeden von uns möglich sind. Der Mensch steht im Fokus und daher sind genau das Denken, Fühlen und Handeln die Grundsäulen einer Veränderung.

In einem chinesischen Sprichwort heißt es:

Achte auf Deine Gefühle, denn sie werden zu Gedanken.
Achte auf Deine Gedanken, denn sie werden zu Worten.
Achte auf Deine Worte, denn sie werden zu Handlungen.
Achte auf Deine Handlungen, denn sie werden zu Gewohnheiten.
Achte auf Deine Gewohnheiten, denn sie werden Dein Charakter.
Achte auf Deinen Charakter, denn er wird Dein Schicksal.

5 | BENEDIKTINISCHE ANMERKUNGEN ZU KAPITEL 5: DER AGILE MENSCH

Den agilen Mönch gibt es nicht – nicht in der Benediktsregel und nicht im heutigen klösterlichen Alltag. Aber es gibt eine Grundhaltung, die Benedikt seinem Abt und seinen Mönchen zumutet, und in unseren vom Rückgratstrecken gestählten Ohren befremdlich klingt: Anpassung. Negativ gestimmt könnte Anpassung tatsächlich so etwas bedeuten wie: kein Rückgrat haben, immer gleich klein beigeben, sich nicht widersprechen trauen, keine andere Meinung vorbringen wollen u. ä. Diese Art von Anpassung meint Benedikt nicht, auch nicht, wenn er den Gehorsam und die Demut als Mönchstugenden hochhält und einfordert. Recht verstanden bedeutet Gehorsam eine Haltung gelingender gegenseitiger Kommunikation und Demut. Die grundsätzliche Einstellung, einander dienen zu wollen.

Unter Anpassung versteht Benedikt die Flexibilität, sich auf andere einzulassen. Die Mönche müssen sich gegenseitig in ihrer Unterschiedlichkeit annehmen, der Abt muss versuchen, sich an diese Diversität anzupassen und das Kloster insgesamt hat sich an die Erfordernisse der zeitlichen und räumlichen Umgebung anzupassen. In der Benediktsregel kommt dies sehr gut zum Ausdruck, wenn der Verfasser von seinem Abt immer wieder verlangt, die verschiedenen Vorschriften, die er erlässt, an die jeweiligen Umstände anzupassen. So soll er, um nur ein Beispiel zu nennen, die Aufteilung der Psalmen beim gemeinsamen Gebet ändern, wenn er eine andere für besser hält (RB 18,22), obwohl Benedikt seine Ordnung ganz detailliert vorschreibt.

Nach benediktinischer Tradition hat der sich allmählich bildende Orden keine besondere Aufgabe wie andere Orden, etwa Krankenfürsorge bei den Barmherzigen Brüdern, Jugendseelsorge bei den Salesianern, Gefangenenbefreiung bei den Mercedariern u. ä. Jedes benediktinische Kloster erfüllt die Aufgabe, die vor Ort notwendig ist. Im Lauf der Jahrhunderte entstanden dadurch regionale Spezifizierungen. Die österreichischen und bayrischen Klöster konzentrierten sich auf Schule und Pfarrseelsorge, die französischen auf historische Studien und seit der Revolution auf die Pflege der Liturgie, manche widmen sich der Missionsarbeit in Asien und Afrika und die großen Klöster in Nordamerika betreiben zum Teil große Colleges. Das ist vielleicht die von außen sichtbare Form der Anpassung, weil sich diese Aufgaben bzw. ihre Gewichtung im Lauf der Zeit auch verändern können.

Versteht man unter Agilität die durch die Digitalisierung beschleunigte Flexibilität, dann entspricht dem durchaus die Anpassungsfähigkeit der Benediktsregel an die unterschiedlichen Kulturen und Entwicklungen.

KAPITEL 6

Die agile Organisation

Die Organisation bildet die Basis des Zusammenlebens in der Arbeit. Daher ist es wichtig, einen klaren Fokus auf die Organisationsentwicklung zu setzen. Seit Jahrzehnten verbindet man mit einer Organisation etwas Stabiles, Festes oder Starres: eine Burg, die Sicherheit gibt.

Zwar gab es auch in der Vergangenheit regelmäßig Neuorganisationen in Unternehmen, aber häufig schien Tucholsky recht zu behalten, der sagte:

„Der Chef organisiert von Zeit zu Zeit den Betrieb völlig um. Das schadet aber nichts, weil ja alles beim Alten bleibt."
Kurt Tucholsky

Tatsächlich ist der Eindruck der Unveränderlichkeit von Organisationen jedoch häufig unzutreffend. Genauso wie sich das Leben verändert, haben sich Organisationen stets gewandelt. Manchmal war der Wandel so schleichend und langsam, dass er kaum wahrgenommen wurde, manchmal führten singuläre Entscheidungen zu einer plötzlichen fundamentalen Veränderung, die dann jedoch wieder für lange Zeit zementiert wurde.

Selbst die Organisationsstruktur der Kirche, die doch häufig als unveränderlich und unveränderbar wahrgenommen wird, hat sich im Laufe der Jahrhunderte deutlich gewandelt. Die Einführung des Zölibats im 12. Jahrhundert bewirkte eine grundlegende Veränderung der Strukturen und des Rollenbilds des Priesters. Heute erscheint es geradezu unglaublich, dass die katholische Kirche die längste Zeit seit ihrem Bestehen eben kein verpflichtendes Zölibat kannte. Während durch die Einführung des Zölibats plötzliche Veränderungen bewirkt wurden, war die Entwicklung der Marienverehrung ein eher schleichender Prozess, der in den Zeiten der Gegenreformation in der Volksfrömmigkeit begann. Es folgten bald intensive, jahrhundertelange Diskussionen über unterschiedliche Aspekte der dogmatischen Interpretation der Figur Mariens, sei es die Frage ihrer eigenen unbefleckten Empfängnis oder die Frage der Jungfrauengeburt Jesu oder die Frage ihrer leiblichen Auffahrt in den Himmel. All dies führte schließlich zur Verkündigung des Dogmas der Unfehlbarkeit des Papstes im Jahr 1870. Es dauerte weitere 70 Jahre, bis Papst Pius XII. erstmals im Rahmen seiner Unfehlbarkeit ein Dogma verkündete: Es handelte sich um die

leibliche Himmelfahrt Mariens, die seither unumstößlich im Gedan-
ken- und Glaubensschatz der katholischen Kirche verankert ist. Engel
wurden vor dem fünften Jahrhundert gar nicht erwähnt und plötzlich
sind Engel überall in den Kirchen. So erfolgte die Verbreitung dieses
Glaubens und jeder zweite Deutsche glaubt laut einer YouGov-Studie
(November 2016) an Engel.[47]

Nichts ist statisch in der Natur oder im Universum, nicht mal die Bilder
von Kirche oder Organisationen bestehen über die Jahrhunderte hinweg. Alles ist in ständiger Veränderung. Warum sollten es nicht auch
Organisationen sein? Veränderung ist ständig mit uns.

In der heutigen Zeit können sich unternehmerische Organisationen
nicht mehr Jahrhunderte für Veränderungen Zeit lassen, häufig sind
bereits wenige Jahre ein zu langer Zeitraum. Denn Unternehmen agieren nicht mehr in einem stabilen, berechenbaren Umfeld, sondern auf
dynamischen und disruptiven Märkten. Die Dynamik des Marktes ist
jeden Tag spürbar. Wer hätte Ende 2019 gedacht, dass ein Virus im
gesamten Jahr 2020 einige Branchen nachhaltig erschüttern würde?
Die Lufthansa, die im Jahre 2019 auf dem Weg war, die größte und um-
satzstärkste Airline Europas zu werden, musste ein Jahr darauf mit 1,3
Milliarden € den größten Verlust seit ihrer Existenz verbuchen. Hotels
blieben monatelang leer, die Flugzeuge wurden am Boden gelassen.
Lieferdienste und Online Händler boomten. Ferienwohnungen und
Campingplätze in ganz Deutschland waren ausgebucht. Waren die
Organisationen auf eine solche Veränderung vorbereitet?

Viele Technologie-Plattformen wie Alibaba, die größte chinesische
Plattform, waren vorbereitet. Der Rivale von eBay und Amazon aus
China hatte seinen Umsatz zwischen Januar und Ende März 2020 im
Jahresvergleich um 22 Prozent auf 114 Milliarden chinesische Yuan
(14,6 Milliarden €) steigern können.[48] Vergleichbares geschah aber auch
bei Amazon selbst, die Pandemie bescherte auch Amazon Milliarden-

---

47   https://www.deutschlandfunknova.de/beitrag/engel-mehr-menschen-glau-
      ben-an-schutzengel-als-an-gott
48   https://www.internetworld.de/plattformen/alibaba/covid-19-pandemie-ver-
      hagelt-alibaba-die-bilanzen-2538437.html

gewinne.[49] Natürlich kann man von der Marktmacht von Plattformen sprechen, aber ich würde mich gerne auf die Agilität solcher Organisationen fokussieren, denn Ming Zeng, der langjährige Strategieberater von Alibaba hat in seinem Buch „Smart Business" bereits lange vor Corona die Veränderungsfähigkeit des Unternehmens beschrieben:

> „Angesichts einer viel dynamischeren und unsichereren Geschäftslandschaft hat sich Alibaba auf schnelle Veränderungen eingestellt, indem es dafür sorgte, dass seine Mitarbeiter Veränderungen als ganz normalen Vorgang begreifen, und ihnen die nötige Transparenz und Infrastruktur bot."[50]

Wie sieht es im deutschsprachigen Raum aus? Sind unsere Organisationen und Mitarbeiter auf Veränderungen ausgerichtet? Haben wir unsere Infrastruktur transparent und flexibel genug aufgestellt? Haben wir die Organisationen auf den richtigen Säulen der Agilität errichtet? In den letzten Jahren konnte ich viele Organisationen von innen kennenlernen. Es war eine große Lehre für mich, Fehler in Organisationen beobachten zu können, die nicht nur die Organisation kaputt gemacht haben, sondern auch die Menschen darin psychisch sehr belastet haben. Sich Agilität auf die Karriereseite zu schreiben ist fancy und modern, Agilität zu verstehen und diese in die Entwicklung der Organisation umzusetzen ist schwierig und für einige Führungskräfte eine Umgewöhnung. Einige Punkte, die mir immer wieder in angeblich „agilen Organisationen" auffallen:

◆ Change Top-down: Veränderungen werden im Kreis von wenigen Führungskräften und internen Experten getroffen. Man begründet die Entscheidungen anhand einiger Informationen, die aus dem Markt, von Wettbewerbern oder auf einer Marketingveranstaltung einer Unternehmensberatung aufgeschnappt wurden. Vertiefter Rat von externen Experten wird dagegen selten eingeholt – es wird versäumt, die geplanten Veränderungen durch Außenstehende herausfordern und hinterfragen zu lassen.

◆ Oft wird über Veränderungen entschieden, ohne dass zuvor die Stärken und Fähigkeiten der Belegschaft analysiert wurden und

---

49 https://www.zdf.de/nachrichten/wirtschaft/coronavirus-amazon-profit-102.
html

50 Zeng, M./Ma, J./Haas, J.W. (2019). Smart Business – Alibabas Strategie-Geheimnis.

geprüft wurde, welche Veränderungen den Mitarbeiterinnen und Mitarbeitern zugemutet werden können.

- Es werden Prozesse und Strukturen verändert, die jahrzehntelang Halt gegeben haben, ohne zu kommunizieren, warum diese Prozesse angepasst werden. Was der Mehrwert für die Organisation und für die Mitarbeiterinnen und Mitarbeiter ist, bleibt unklar.

- Neue Kommunikationsinstrumente werden nur punktuell eingesetzt, ohne grundlegend an der Kommunikationspolitik in der Organisation zu arbeiten und wirklich transparent zu kommunizieren.

- Überforderung von Kommunikationsevents – viele Meetings führen nicht unbedingt zu mehr Kommunikation – das richtige Maß zählt.

- Überforderung der Mitarbeiter durch unterschiedliche Zielstrukturen. In agilen Organisationen experimentiert man gerne mit neue Zielinstrumenten. Auf einmal hat man Unternehmensziele, Produktziele, Teamziele und OKRs. Oft liegen diese Ziele in entgegengesetzten Richtungen, was mangels ganzheitlicher Perspektive übersehen wird.

- Man verändert Prozesse und Strukturen aber nicht die Art der Führung. Führung wird sehr stark mit Angst bei Mitarbeitern in Verbindung gebracht.

- Agile Organisationen benötigen keine Kontrollinstanzen, die ständig ihren Mitarbeitern misstrauen. Sehr symbolisch war ein Geschäftsführer, der jeden Tag seine engen Führungskräfte um 8.00 Uhr zu einem Call einlud, um zu erfahren, an welchen Themen sie im Laufe des Tages arbeiten würden. Was an sich sehr gut ist, um ein Status quo zu erfragen. Wenn nicht im Nachgang der Geschäftsführer die einzelnen Mitarbeiter angerufen hätte, um ihnen die Meinung zu sagen oder Druck auszuüben. Agile Führung und Organisationen bauen auf Vertrauen und nicht auf Misstrauen und Druck auf.

Agile Organisationen zeichnen sich durch eine stärkere Mitarbeiterorientierung aus, die sich in den folgenden Dimensionen widerspiegelt:

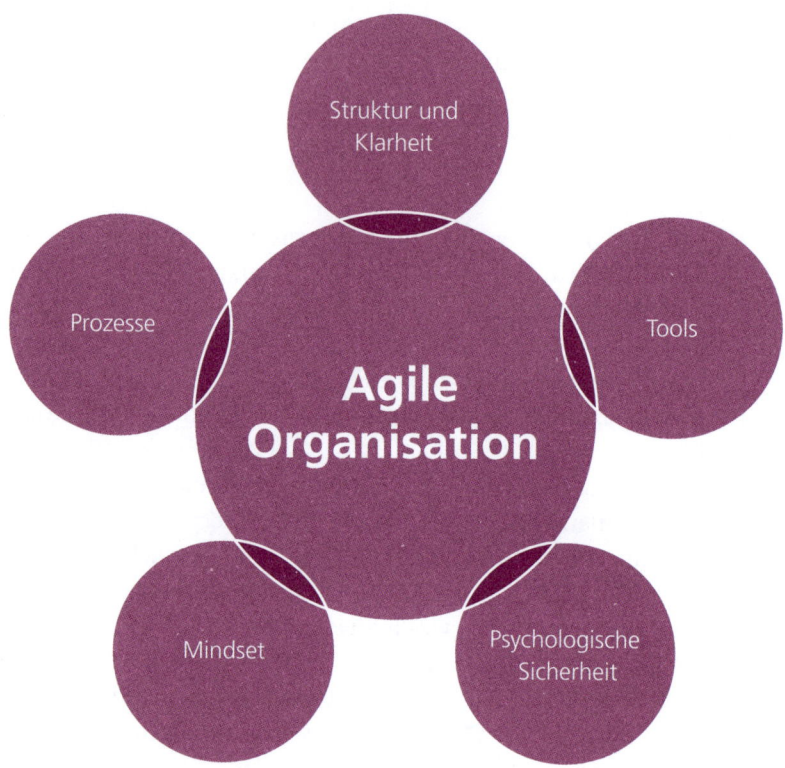

Abbildung 20: Dimensionen der agilen Organisation

1 STRUKTUR UND KLARHEIT

Klarheit über die Richtung, die das Unternehmen einschlagen möchte, ist ein wichtiger Baustein für erfolgreiche Unternehmen.

Ich hatte schon in den vorherigen Abschnitten das Thema der Unternehmensvision und Unternehmensmission beschrieben. Jeder Mitarbeiter in einer Organisation soll diese ab dem ersten Arbeitstag kennen und verstehen. Die Unternehmensvision soll der Leitfaden des eigenen Handelns sein. Ich habe in Organisationen regelmäßig für Führungskräfte Workshops gehalten, in denen die Unternehmensvision und Unternehmensmission reflektiert wurden. Wichtig ist, dass derartige Workshops keine einmaligen Ereignisse bleiben, sondern dass in einem festgelegten Rhythmus von fünf bis sechs Monaten überprüft wird, ob die Handlungen und Entscheidungen der Einzelnen weiterhin mit der Vision und Mission im Einklang stehen. Dadurch lernen die Führungskräfte und Mitarbeiterinnen und Mitarbeiter, dass die Unternehmensvision keine „Sonntagsrede" darstellt, sondern ein Leitbild ist, an dem sich das alltägliche Handeln orientieren soll. Insbesondere kann die Betonung der Unternehmensvision zur Motivation der Mitarbeiterinnen und Mitarbeiter beitragen. Denn auch im Unternehmen gilt der alte Grundsatz:

> „Wenn du ein Schiff bauen willst, dann trommle nicht Männer zusammen, um Holz zu beschaffen, Aufgaben zu vergeben und die Arbeit einzuteilen, sondern lehre die Männer die Sehnsucht nach dem weiten, endlosen Meer."
> Antoine de Saint-Exupéry (1969)

Struktur reduziert die Ablenkung von der Arbeit und erzeugt Sicherheit. Die meisten werden sich schon mal dabei ertappt haben, dass sie bei Google irgendwelche unsinnigen Themen recherchieren. Wer jedoch seinen Arbeitstag strukturiert und eine klare Reihenfolge festlegt, welche Aufgaben zuerst erledigt werden sollen, wird mit höherer Wahrscheinlichkeit am Abend diese Aufgaben auch erledigt und nicht nur neuer Erkenntnisse über das Paarungsverhalten von Tiefseetintenfischen gewonnen haben.

Aus der Struktur erfahre ich meine Rolle, meine Aufgaben und mein tägliches Doing. Beim Thema Strukturen sehe ich, dass viele Organisationen, die sich mit Agilität beschäftigen, mit einer gewissen Überforderung konfrontiert sind. Es besteht die Gefahr, dass das Augenmaß verloren geht. Ich habe Organisationen erlebt, die gleichzeitig mit Teams, Bereichen, Abteilungen sowie crossfunktionalen Teams gearbeitet haben. Irgendwann weiß niemand mehr, wer eigentlich wofür verantwortlich ist.

Es gibt eine klare Unterscheidung zwischen einer Top-down-Managementorganisation und einer agilen Organisationsstruktur. Natürlich hilft Struktur gegen Chaos. Sie kann aber auch Kreativität und Selbstverantwortung hemmen. Bedenken Sie also, wenn Sie eine agile Organisation haben möchten, dann sollten Sie auch Ihre alte Struktur überdenken und keinen Mix zwischen alt und neu machen.

Crossfunktionale Teams sollen dabei helfen, konkrete Ziele in begrenzter Zeit zu erreichen. Persönlich habe ich oft schlechte Erfahrungen damit gemacht, da in diesen Teams oft das Selbstverständnis vorherrscht, jeder würde alles können. Ein Trugschluss, welcher zum Misserfolg von crossfunktionalen Teams führen kann. Diese Art der Zusammenarbeit sollte dazu dienen, alle transparent zu informieren und Entscheidungen so zu treffen, dass mehrere Aspekte berücksichtigt werden. Wichtig ist dabei, eine gute Begleitung zu haben. Die crossfunktionale Arbeit muss gelernt werden. Wesentlich ist die zeitliche Begrenzung. Bei Erfüllung des Ziels sollte sich das Team auflösen und die Teammitglieder neue Aufgaben in anderen Teams übernehmen. Weiterhin sollten Führungskräfte in größtmöglichem Umfang auf Freiwilligkeit setzen und den Mitarbeitern die Entscheidung ermöglichen, dort mitzumachen, wo sie selbst das Gefühl haben, sie könnten sich am besten einbringen. Auch hier wird wieder an das Vertrauen der Führungskräfte appelliert. In der Agilität spricht man hier auch vom „Gesetz der zwei Füße", womit die Aspekte Freiwilligkeit und Selbstorganisation betont werden sollen. Ich nutze dieses Gesetz ganz gerne, wenn ich in Meetings persönlich merke, dass ich keinen Mehrwert geben oder mitnehmen kann. Dann stehe ich einfach auf und verlasse den Raum. Probieren Sie es aus und geben Sie Ihrer Zeit einen höheren Mehrwert als nur passiv irgendwo zu sitzen. Dazu noch ein Zitat aus dem Alibaba-Konzern:

„Noch entscheidender ist, dass unsere Lernprozesse nicht in Form einer Top-down-Befehlskette stattfinden. Sie erstrecken sich auf die gesamte Organisation und sind selbstgesteuert. Die Organisation wird nicht mehr als Instrument angesehen, das die Ziele der Leitung verstärken und nach unten durchreichen soll. Informationen, seien es Nutzereingaben, Umweltveränderungen oder effektive oder ineffektive Reaktionen, fließen ungehindert durch die Organisation, und jeder Akteur kann darauf reagieren. Mithilfe der von der Leitung artikulierten Vision, die als Magnetpol fungiert, bewegt sich die Organisation organisch."[51]

1.1 | PROZESSE

Was ist eigentlich ein Prozess? Ein Prozess beinhaltet eine Reihe von Aktivitäten und Abläufen, die einer bestimmten Regel folgen, um ein Ziel zu erreichen. Jeder Prozess hat einen Input (Zeit, Kosten und Ressourcen), der zu einem Output (Mehrwert) führt. Dieser Input-Output-Charakter macht Prozesse optimierbar.

Prozesse lassen sich planen, umsetzen, überprüfen und verbessern. Dies ist in Kürze das Verständnis von Prozessen im klassischen Prozessmanagement. Was passiert aber mit Prozessen in agilen Organisationen. Prozesse werde in der Agilität als explorative selbststeuernde Abläufe betrachtet, dies bedeutet, man arbeitet schrittweise und wiederholend.

---

51   Zeng, M./Ma, J./Haas, J.W. (2019). Smart Business – Alibabas Strategie-Geheimnis; S. 175.

Klassisches Prozessmanagement wird auch mit Bogenschießen verglichen. Hierbei hat man das Ziel im Blick und plant und überlegt, wie dieses Ziel erreicht werden kann. Man hat einen einzigen Schuss, der entweder trifft oder das Ziel mehr oder weniger verfehlt.

Agiles Prozessmanagement wird stattdessen mit Golfspielen verglichen. Hier ist der Weg das Ziel. Niemand erwartet, dass mit dem ersten Schlag vom Abschlagspunkt gleich eingelocht wird. Ein Hole-in-one ist selten. Außerdem kommt es entweder den Turnierveranstalter, aufgrund der Verpflichtung zur Vergabe von Sonderpreisen, oder aber den erfolgreichen Spieler, aufgrund der ungeschriebenen Regel zur Umtrunk-Einladung des Flights, teuer zu stehen. Die Kunst des Golfens besteht darin, sich mit mehreren Schlägen dem Loch anzunähern und dabei den optimalen Weg zu finden. Jeder Spieler wendet eine andere Strategie an, bei der er seine individuellen Fähigkeiten am besten einsetzen kann.

Klassisches Prozessmanagement

Agiles Prozessmanagement

Abbildung 21: Klassisches vs. agiles Prozessmanagement
Quelle: Czechowski, P. (2019). Agiles Prozessmanagement – Brauchen wir noch Prozesse? ifm-business.de/aktuelles/business-news/agiles-prozessmanagement-brauchen-wir-noch-prozesse.html

Prozesse in agilen Organisationen sollten nicht durchgeplant sein bis zum Ziel, denn das Prinzip der Agilität ist das Reagieren auf Veränderungen. Anpassungsfähigkeit und Flexibilität sind wichtiger als das Befolgen eines Plans.

Agiles Arbeiten – agile Führung

1.2 | MINDSET

Zum Thema des agilen Mindsets habe ich bereits im vorherigen Kapitel einiges geschrieben. Mir war es wichtig, diesen Aspekt hier nochmals aufzuführen. Denn wenn ich die Haltung der Agilität nicht in meiner Organisation verwurzeln kann, wird der Baum beim nächsten Sturm umgestürzt werden. Stürme können sehr schnell kommen, wie wir im Jahre 2020 anhand der Covid-19 Pandemie sehen konnten. Agilität ist nicht nur eine Methode, ein Instrument, sondern vielmehr auch eine Haltung und ein Führungsideal, wie die Organisation gesteuert werden soll. Thomas Peters und Nancy Austin stellen in ihrem Bestseller „Passion for Leadership" von 1985 fest, dass wir in Organisationen „overmanaged" seien und „underleaded". „Underleaded" bedeutet für mich auch eine fehlende Haltung vieler Führungskräfte. Führungskräfte sollten ein Vorbild im agilen Mindset sein.

1.3 | TOOLS

Eine agile Organisation kann sehr anstrengend in der Anwendung sein. Daher haben sich viele schlaue Köpfe und viele Softwareentwickler daran gemacht, Erleichterungen zu schaffen. In den letzten Jahren sind viele Tools entstanden, die den agilen Alltag unterstützen können.

Welches sind die wesentlichen Instrumente, die in einer agilen Organisation eingesetzt werden sollten?

Grundlegend für die Nutzung von Tools sind die Grundannahmen einer agilen Organisation:

- Transparenz
- Information
- Kommunikation

Ich werde Ihnen keine Softwarevorschläge vorsetzen, aber gerne kann ich Ihnen mitgeben, in welchen Bereichen es notwendig ist, effiziente Instrumente zu nutzen.

- Aufgabenmanagement: Kanban- oder Scrum-Boards mit den jeweiligen Teams oder Projekten sowie Aufgabenlisten
- Teamzusammenarbeit: Aufgabenlisten auf Ebene des Projekts, News und Feedbacks
- Kommunikation: Informationsweitergabe über das Team hinaus, evtl. organisationsweit
- Agile Berichte und Analysen: Die Geschwindigkeit eines agilen Teams kann visualisiert werden, Status quo-/ Fortschrittsberichte für Stakeholder, Adressierung von Hindernissen bei Projekten, Berichte über die Finanzlage
- Wissensarbeit: Prozesshandbücher, Archivierung von Entscheidungen, Wikis
- Innovations- und Lernplattform: Sammlung von neuen Ideen, mögliche Prozessoptimierung, Vorträge, Lernmodule

Natürlich müssen es nicht sechs unterschiedliche Tools/Softwares sein, das überfordert Mitarbeiter und führt dazu, dass die Mitarbeiter am Ende immer weniger Lust haben, sich die unterschiedlichen Passwörter zu merken. Ich habe einmal in einem Unternehmen acht unterschiedliche Tools der Kommunikation gezählt, das war definitiv zu viel.

Auch in diesem Themenbereich sollte man das Augenmaß bewahren. Probieren Sie gerne einiges aus. Ich habe vor einigen Jahren in meinem Team eine Innovations- u. Lernplattform eingesetzt, auf der jeder, der ein Seminar besucht, einen spannenden Vortrag gehört oder interessante Artikel gefunden hat, die gewonnenen Erkenntnisse mit den anderen teilen konnte. Dadurch wurde das Wissen der Einzelnen dem Team zugänglich gemacht.

Zum Bereich der Tools gehören auch Meetings, diese habe ich bereits an anderer Stelle besprochen, daher halte ich mich hier kurz. Wichtig sind auch bei Meetings die Prinzipien Information, Kommunikation und Transparenz.

Und ein letzter Hinweis zu den Tools: diese Instrumente sind dafür da, das Leben des Mitarbeiters, der Führungskraft und der Organisation zu erleichtern, sie sind keine Waffen des Terrors. Wie oft habe ich Geschäftsführer erlebt, die ihre Mitarbeiter selbst am Wochenende oder spätabends über einen Gruppenchat oder Messenger tyrannisiert haben. Da werden die Mitarbeiter sehr schnell Tools missachten und sich davon distanzieren. Am Ende des Tages können die meisten Nachrichten auch bis Montag warten.

2 | PSYCHOLOGISCHE SICHERHEIT

Der letzte Punkt scheint sehr sonderbar und wird – soweit ersichtlich – erstmals in dieser Publikation im Zusammenhang mit der agilen Organisation erwähnt. Warum ist psychologische Sicherheit für eine Organisation wichtig?

Die Psychologin Amy C. Edmondson beschreibt psychologische Sicherheit als eine Atmosphäre, in der Menschen sich sicher genug fühlen, um zwischenmenschliche Risiken einzugehen, Bedenken, Fragen oder Ideen zu äußern. Edmondson hat in ihrer Doktorarbeit die Frage untersucht, worin die Unterschiede zwischen einem guten und einem schlechten Team in einem Krankenhaus bestehen. Ihre erste These war zunächst, dass die guten Teams weniger Fehler machen. Nach einer intensiven Datenerhebung hat sie jedoch festgestellt, dass die guten Teams mehr Fehler als erwartet machen.

Die Psychologin konnte sich dieses Verhalten nicht erklären und ging nochmal ins Feld und führte qualitative Interviews, um die Ursachen für diese Beobachtung zu finden. Aus der qualitativen Untersuchung mit den Ärzten aus beiden Teams ergab sich, dass die schlechten Teams ebenso viele Fehler wie die guten Teams machen – aber die schlechten im Gegensatz zu den guten Teams nicht darüber reden.

Abbildung 22: Agile Organisation

In ihrer Forschung konnte sie feststellen, dass Teams, die offen über Fehler reden können und die offen damit umgehen, besser lernen und sich besser weiterentwickeln. Das macht gute Teams aus, sie reden über Fehler und lernen auch daraus. Die Sicherheit, offen über Risiken und Fehler zu sprechen, nennt man psychologische Sicherheit und führt zu hochproduktiven Teams.

2.1 | DIE KRITIKFÄHIGE ORGANISATION

Die Kritikfähigkeit der Organisation ist ein Thema, das mich seit mehreren Jahren beschäftigt. Es ist ein spannendes Thema, zu dem es bislang noch wenig Literatur gibt, sodass es sich um ein eher unerforschtes Gebiet handelt.

In der umgangssprachlichen Verwendung umfasst der Begriff der Kritikfähigkeit zwei unterschiedliche Aspekte: Einerseits die Fähigkeit, Kritik zu üben und andererseits die Fähigkeit, Kritik zu akzeptieren und zu ertragen. Es gibt somit eine aktive Kritikfähigkeit und eine passive Kritikfähigkeit. Diese zwei Aspekte müssen auch in einem kritikfähigen Unternehmen anzutreffen sein.

Bei der Untersuchung des Konzepts habe ich mich der Forschung mehrerer Disziplinen bedient von der Pädagogik, über die Soziologie hin zur Betriebswirtschaftslehre. In meiner Forschung habe ich festgestellt, dass Individuen die Organisation verbessern und zum Erfolg bringen wollen. Die Unternehmensleitung sollte sich diesen Willen zur Verbesserung der Organisation zunutze machen. Denn die Mitarbeiter wollen häufig nicht nur unmittelbar ihre aktuelle Situation verbessern, sondern anhand ihrer Wahrnehmung klare Probleme oder Herausforderungen ansprechen. Die Unternehmensleitung sollte daher im eigenen Interesse Formate und Momente schaffen, bei denen Meinungen geäußert werden können, ohne dass Sanktionen befürchtet werden müssen. Mitarbeiter wollen aber auch sehen, dass ihre Stimme Gewicht hat. Daher müssen sie erleben, dass ihre Meinungsäußerungen auch Grundlage für Entscheidungen der Vorgesetzten sind. Schlussendlich muss die Unternehmensleitung schweigende Mitarbeiter zum Sprechen motivieren. Wer schweigt, hat bereits innerlich gekündigt und möchte für das Unternehmen nicht mehr leidenschaftlich kämpfen. Lassen Sie Mitarbeiter nie schweigend gehen. Eine kritikfähige Organisation ist für mich die Basis für eine angstfreie Organisation.

2.2 | DIE ANGSTFREIE ORGANISATION

„Die angstfreie Organisation" heißt das Buch der bereits genannten Psychologin Amy C. Edmondson (2020), die seit 1990 daran forscht, wie man eine angstfreie Organisation schaffen kann. Eine angstfreie Organisation gibt den Mitarbeitern Raum, Ungewöhnliches auszuprobieren und die Komfortzone zu verlassen. Experimentieren bedeutet auch scheitern zu können, ohne Angst zu haben, dass man von der Führungskraft dafür sanktioniert wird.

Nach Edmondson[52] geht es in einer angstfreien Organisation darum, dass die Führungskraft auf eine inspirierende und ehrliche Weise zur Mitwirkung einlädt. Wie schafft man dies?

---

52 Edmondson, A. (20209. Die angstfreie Organisation: Wie Sie psychologische Sicherheit am Arbeitsplatz für mehr Entwicklung, Lernen und Innovation schaffen.

Indem man Demut zeigt. Demut ist ein sehr altes Wort und ist heute nicht in Mode. Trotzdem wird Demut in der heutigen Instagram-Welt, in der Ego, Lifestyle und Macht über allem zu stehen scheinen, immer wichtiger.

„Die achte Stufe der Demut: Der Mönch tut nur das, wozu ihn die gemeinsame Regel des Klosters und das Beispiel der Väter mahnen."

Im Buch „Bad Leadership"[53] sprechen die Autoren von Celebrity Leadership oder CEO Hybris, die verursacht wird durch eine starke persönliche Macht. Hier führt ein klares Führen durch Angst, Einschüchterung und Zurückweisung vor Rat und Kritik zu einem Nährboden für fatal falsche Entscheidungen.

Ich hatte in meiner Laufbahn einen Vorgesetzten, den ich für einen längeren Zeitraum an meiner Seite hatte, sodass ich Tag für Tag das Wachstum seiner Hybris mitverfolgen konnte. Er veränderte sich von Woche zu Woche. Die Hybris wuchs ohne Ende. Ich kann mich noch erinnern, wie ich ihn am Höhepunkt seiner Hybris auf ein mögliches Problem hinwies, welches uns einige finanzielle Herausforderungen bringen würde, wenn es so eintreten würde. Es hatte sich ein Fenster für potenzielle Betrugsfälle gegen das Unternehmen eröffnet. Die kriminelle Idee war nicht trivial, man musste lange nachdenken, um die Lücke zu finden – aber sie war da und sie war eine Gefahr. Ich sprach dies erst einmal in einem direkten Gespräch an und warnte ihn vor möglichen Schäden. Daraufhin wurde ich beruhigt, mit der Aussage, man müsse ganz schön negativ denken, um auf solche illegalen Gedanken kommen. Ich solle es so lassen. Es werde schon nichts passieren. Ich sprach das Thema nochmal im Rahmen eines Meetings in Anwesenheit weiterer Führungskräfte meines Vorgesetzten an. Dort wurde ich wieder mit einem einfachen Witz, ich würde zu viele Krimis anschauen, ruhiggestellt. Nach einigen Monaten zeigte sich, dass nicht nur ich Krimis zu lesen schien, sondern auch Betrüger. Denn die Lücke wurde tatsächlich entdeckt und zum Schaden des Unternehmens ausgenutzt.

---

53   Kuhn, T./Weibler, J. (2020) Bad Leadership.

Agiles Arbeiten – agile Führung

Ob es noch weitere Lücken gab, weiß ich nicht. Selbst wenn ich sie entdeckt hätte, hätte ich nur noch eine geringe Motivation verspürt, auf sie hinzuweisen. Denn in einer Atmosphäre, in der der Chef immer alles besser weiß, verstummen die Mitarbeiter.

Hybris-Chefs oder Celebrity Chefs verbreiten nicht nur durch ihre Präsenz, Erscheinung und Worte Angst, sondern auch durch den bewussten Einsatz von Spaltungsmethoden. Solche Menschen, die meiner Meinung nach nicht als Leader bezeichnet werden können, säen in der gesamten Unternehmung Misstrauen, Spaltung und Streit. Ich war sehr überrascht zu beobachten, wie solche Führungskräfte immer wieder bewusst Streit zwischen Bereichen verursachen. Mit der Zeit habe ich verstanden, warum sie dies tun. Das Ziel ist es, den potenziellen Aufbau von kollektivem Widerstand gegen sich dadurch zu verhindern, dass die anderen zunächst einmal einander gegenseitig misstrauen. Ganz nach dem römischen Motto „divide et impera" werden von diesen Führungskräften Konflikte zwischen den Mitarbeiterinnen und Mitarbeitern geschürt, damit die eigene Position möglichst nicht infrage gestellt wird.

Somit wird Angst nicht nur gegenüber den Vorgesetzten und dessen Sanktionen geschaffen, sondern auch gegenüber gleichgestellten Kollegen. Sie könnten sich in Gefahr sehen und sich beim Vorgesetzen gegen einen stellen. So gehen die Tage dahin und jeden Tag hat man Angst in eine Falle zu tappen, die vom Kollegen oder vom Chef gestellt wurde. Ist dies der Arbeitsplatz, zu dem man täglich gehen möchte? Ist diese Atmosphäre eine fruchtbare für das Unternehmen? Kann so ein Unternehmen nachhaltig erfolgreich sein?

2.3 | DIE LERNENDE ORGANISATION

Die psychologische Sicherheit subsumiert die beiden Aspekte angstfreie und kritikfähige Organisation, die Grundlagen für den Aufbau einer lernenden Organisation.

Zum Thema der lernenden Organisation habe ich bereits in den vorherigen Kapiteln einiges geschrieben. Mir ist es aber wichtig, diesen Themenkomplex nochmals im Zusammenhang mit der agilen Organisation aufzugreifen. Wie bereits in den vorherigen Kapiteln dargelegt wurde, ist mein Verständnis einer agilen Organisation eine sich stetig verbessernde, eine sich optimierende Organisation. Wie der Golfer nähert sie sich sukzessive dem Ziel.

Agile und lernende Organisationen bedürfen auch veränderter Organisationsstrukturen. Es reicht nicht, das Wissen und die relevanten Informationen in den Köpfen der derzeit tätigen Mitarbeiter zu verankern. Die Strukturen müssen so sein, dass dieses Wissen im Organisationsgedächtnis gespeichert bleibt und unabhängig davon besteht, wie lange die Mitarbeiterinnen und Mitarbeiter im Unternehmen bleiben. Es muss gewährleistet sein, dass neue Mitarbeiter dieses gespeicherte Wissen nutzen können. Dazu sind Strukturen notwendig, die den kontinuierlichen Wissens- und Erfahrungsaustausch zwischen den Mitarbeitern ermöglichen. Eine Veränderung in der Organisationsstruktur muss nicht gleich den Umbau einer Abteilung bedeuten, es können auch neue Meetingformate, neue Formate des Informationsaustauschs oder Umgang mit Kritik sein. Hierzu habe ich bereits in den vorhergehenden Kapiteln Beispiele gebracht.

Was eine lernende Organisation ausmacht, hat Peter Senge vielleicht recht poetisch und esoterisch klingend, im Kern jedoch zutreffend beschrieben:

> „Organisationen, in denen die Menschen kontinuierlich die
> Fähigkeiten entfalten, ihre wahren Ziele zu verwirklichen,
> in denen neue Denkformen gefördert und gemeinsame Hoffnungen
> freigesetzt werden, Organisationen also, in denen Menschen lernen,
> miteinander zu lernen."[54]

In diesem Kapitel habe ich einen Gesamtüberblick geben wollen, was eine agile Organisation ausmacht. Zunächst habe ich einige typische Fehler dargestellt, die im Management von agilen Unternehmen regelmäßig beobachtet werden können. Dann habe ich mich auf die Dimen-

---

54   Senge, P. M. (2011). Die fünfte Disziplin.

sionen der agilen Organisation fokussiert. Diese Dimensionen sind die Eckpfeiler für den Aufbau einer agilen Organisation. Den Eckpfeiler der psychologischen Sicherheit halte ich für besonders wichtig und als unabdingbar für den Aufbau einer agilen Organisation. Psychologische Sicherheit basiert meiner Ansicht nach auf drei Säulen und wird in einer kritikfähigen, angstfreien und lernenden Organisation erlebt.

Ich würde sogar so weit gehen, dass für eine agile Organisation diese zwei Grundebenen benötigt werden: Mindset (die Haltung zu Agilität) und die Prinzipien der Organisation (kritikfähig, angstfrei und lernend). Ich kann in meiner Organisation ganz tolle Methoden einsetzen, Scrum, Kanban, etc. und tolle Meetings aufbauen. Auf dieser Ebene bleibt man beim Praktizieren der Agilität (agil leben). Eine Organisation sollte sich entscheiden „agil sein" zu wollen und so das Mindset und die Prinzipien der agilen Organisation etablieren.

Abbildung 23: Agil sein und agil leben

3 BENEDIKTINISCHE ANMERKUNGEN ZU KAPITEL 6

Es gibt weder ein agiles Kloster noch den agilen Mönch. Und trotzdem ist es bemerkenswert, dass Klöster über viele Jahrhunderte hinweg existieren, was man von Unternehmen nicht behaupten kann. Dies muss etwas mit den Werkzeugen zu tun haben, die heute auch für Agilität in den Zeiten beschleunigter Entwicklungen gefordert werden.

Klöster reagieren flexibel und verändern sich – mit den Personen, die dazugehören, mit den Gesellschaften, in denen sie leben und mit den Aufgaben, die zu erfüllen sind. Bezeichnenderweise steht dafür schon bei der Mutterabtei des Benediktinertums Montecassino das Bild vom abgehauenen Baumstumpf und dem Motto „succisa virescit" (abgehauen grünt es wieder). Der Baum ist das Bild für Beständigkeit und Feststehen, Stabilität, Verwurzelung. Aber gleichzeitig für Flexibilität und Beweglichkeit. Man muss nur bei Wind und Wetter einen Baum betrachten: Er ist so konstruiert, dass er sich im Wind wiegt und die Blätter sich bewegen können. Ein Baum verbindet also beides: Stabilität und Flexibilität.

Auch Unternehmen wollen beides: auf dem Markt bestehen bleiben und flexibel auf Veränderungen reagieren. Die Stabilität bedingt sogar die Flexibilität. Und umgekehrt: Ohne Veränderungsbereitschaft kein Bestand!

Agile Unternehmen brauchen vermehrte und bessere Kommunikation. Manager verändern sich von vertikalen Anweisungsgebern (von oben nach unten) zu Moderatoren der horizontalen Kommunikation untereinander. Dabei soll die Gesprächskultur so gestaltet werden, dass Kreativität, Innovationskraft und rasche Einstellung auf Kundenwünsche und Veränderungen des Marktes möglich sind. In der Regel Benedikts heißt es zu dieser Art von Kommunikation mit einem Bibelspruch: „Tu alles mit Rat, dann brauchst du nach der Tat nichts zu bereuen!" (RB 3,13; Sir 32,19) Der Abt eines Klosters wird in einem eigenen Kapitel,

dem dritten der Regel, verpflichtet, den Rat seiner Mönche einzuho-
len, mit ihnen ins Gespräch zu kommen, über die wichtigen und die
weniger wichtigen Angelegenheiten des Klosters. Allerdings liegt nach
alter Väter Sitte die Initiative bei ihm, er ruft die Brüder zusammen, er
sagt, worum es geht, er hört an, er erwägt bei sich, er entscheidet und
handelt. Aber: ohne den Rat steht das Handeln des Abtes nicht in Über-
einstimmung mit dem Geist der Regel. Entscheidend für den gesamten
Kommunikationsprozess ist das Hören. Es ist der Schlüsselbegriff für
das gedeihliche Miteinander im Leben der Mönche.

Von besonderer Bedeutung ist die Weisung des dritten Kapitels, die
Jüngeren an den Beratungen zu beteiligen: „Dass aber alle zur Beratung zu rufen seien, haben wir deshalb gesagt, weil der Herr oft einem
Jüngeren offenbart, was das Bessere ist." (RB 3,3) Entgegen der nahezu
absoluten Hochschätzung des Alters in der römischen Gesellschaft
seiner Zeit, verfährt Benedikt nach einem Prinzip der frühen Christen-
heit. Demnach ist die Überwindung der natürlichen Altersstufen und
die Gleichheit der Lebensalter das Ideal. Der Bischof Ambrosius von
Mailand hatte in seiner Psalmenerklärung schon geschrieben: „Jedes
Lebensalter ist bei Christus perfekt". Die Gabe, ein guter Ratgeber zu
sein, wird für den gläubigen Christen unabhängig von Alter und An-
sehen verliehen. Die grundsätzliche Gleichwertigkeit des Lebensalters
findet sich auch in anderen Zusammenhängen der Benediktsregel:
bei der Bestellung der Dekane, einer mittleren Führungsebene, beim
Zutritt zu Kommunion und Friedensgruß, bei der Wahl des Abtes.
„Nirgendwo darf das Lebensalter für die Rangordnung den Ausschlag
geben oder sie von vorneherein bestimmen" lautet Vers 5 des 63. Kapitels. Dies kann aber nur gelingen, wenn die Mönche kritikfähig sind
und grundsätzlich angstfrei interagieren können. Mönche müssen
bereit sein, Kritik als das anzunehmen, was sie redlicherweise sein
soll: Hilfe, um besser zu werden, in modernem Management-Sprech:
ihre Performance zu optimieren. Wobei es um religiöse Performance geht: das heißt qualitatives inneres Wachstum, statt äußerliche
Quantifizierung. Andererseits dürfen und sollen sie mit Freimut aber
respektvoll ihre eigene, abweichende Meinung zu den Angelegenheiten der Gemeinschaft äußern. Das Verständnis der Benediktsregel
war ganz im Geist der Spätantike kein demokratisches. Der Abt legt
seine Anliegen vor, holt verpflichtend Rat ein und entscheidet dann

nach seinem besten Wissen und Gewissen. Darin stimmt das Ideal des benediktinischen Klosters mit dem Ideal einer optimalen Unternehmensführung überein. Realistische Erfahrungen der 1500-jährigen Geschichte haben hier zu einer größeren Beteiligung der Gemeinschaft geführt. Aus der verpflichtenden Beratung ist bei wichtigen Dingen inzwischen eine demokratische Beteiligung geworden. Die Mönche sind nicht mehr nur die Mitarbeiter, sie sind die Miteigentümer des „Unternehmens" Kloster. Daher sind eine gelingende Kommunikation und geforderte Transparenz noch wichtiger geworden.

Literatur-/Quellenverzeichnis
LITERATUR

Beckett, S./Kaiser J./Tophoven, E. (2011). Warten auf Godot - En attendant Godot - Waiting for Godot. Suhrkamp.

Bergmann, F./Schuhmacher, S. (2004). Neue Arbeit, Neue Kultur. Arbor.

Birker, K. (1997). Praktische Betriebswirtschaft: Führung und Entscheidung. Cornelsen Lehrbuch

Calaprice, A. (2007). Einstein sagt Zitate, Einfälle und Gedanken, Piper Taschenbuch.

Cockburn, A. (2003). Agile Software-Entwicklung. mitp.

Drucker, P. (2007). The Essential Drucker (Classic Drucker Collection). Routledge.

Duckworth, A./Wolter, K. (2020). GRIT. Die neue Formel zum Erfolg: Mit Begeisterung und Ausdauer ans Ziel. ABP.

Dweck, C. (2017). Mindset - Updated Edition: Changing The Way You think To Fulfil Your Potential. Robinson.

Dweck, C./Neubauer, J. (2017). Selbstbild: Wie unser Denken Erfolge oder Niederlagen bewirkt, Growth Mindset - aktualisierte, deutsche Ausgabe. Piper Taschenbuch.

Dweck, C. (2007). Mindset: The New Psychology of Success (Updated edition). Ballantine Books.

Edmondson, A. (2020). Die angstfreie Organisation: Wie Sie psychologische Sicherheit am Arbeitsplatz für mehr Entwicklung, Lernen und Innovation schaffen. Vahlen.

Gershenfeld, N. (2007). Fab: The Coming Revolution on Your Desktop-from Personal Computers to Personal Fabrication. Basic Books.

Gloger, B./Rösner, D. (2017). Selbstorganisation braucht Führung: Die einfachen Geheimnisse agilen Managements. Hanser.

Hansch, D. (2003). Erste Hilfe für die Psyche: Selbsthilfe und Psychotherapie. Die wichtigsten Therapieformen. Fallbeispiele und Lösungsansätze. Springer.

Hofert, S. (2017). Agiler führen: Einfache Maßnahmen für bessere Teamarbeit, mehr Leistung und höhere Kreativität. Springer Gabler.

Hofert, S. (2018). Das agile Mindset: Mitarbeiter entwickeln, Zukunft der Arbeit gestalten. Springer Gabler.

Hornung, G. (2018). Rechtsfragen der Industrie 4.0: Datenhoheit - Verantwortlichkeit - rechtliche Grenzen der Vernetzung (Der Elektronische Rechtsverkehr, Band 39). Nomos.

Hugo, V./Kauer, E. T. (2001). Die Elenden. Beltz.

Hosein, Z./Yousefi, A. (2015). The Role of Emotional Intelligence on Workforce Agility in the Workplace. International journal of psychological studies. http://dx.doi.org/10.5539/ijps.v4n3p48

Kuhn, T./Weibler, J. (2020). Bad Leadership: Warum uns schlechte Führung oftmals gut erscheint und es guter Führung häufig schlecht ergeht. Vahlen.

Krishnamumurti, J. (1969). Freedom from the known. Harper & Row.

Lencioni, P. M. (2002). The Five Dysfunctions of a Team: A Leadership Fable (J-B Lencioni Series). Jossey-Bass.

Mayer, J./Salovey, P. (1990). Emotional Intelligence in Journal Indexing & Metrics. March 1/1990. https://doi.org/10.2190/DUGG-P24E-52WK-6CDG

McGregor, D. (1960). Human Side of Enterprise. McGraw-Hill Higher Education.

McGregor, D. (2005). The Human Side of Enterprise. McGraw-Hill Professional.

Purps-Pardigol, S./Hüther, G. (2015). Führen mit Hirn: Mitarbeiter begeistern und Unternehmenserfolg steigern. Campus.

Ries, E. (2014). Lean Startup: Schnell, risikolos und erfolgreich Unternehmen gründen. Redline.

Ries, E. (2011). The Lean Startup: How Today's Entrepreneurs Use Continuous Innovation to Create Radically Successful Businesses. Viking.

Rifkin, J. (2000). Access - Das Verschwinden des Eigentums: Warum wir weniger besitzen und mehr ausgeben werden. Campus.

Senge, P. M. (2011). Die fünfte Disziplin. Schäffer-Poeschel.

Trompenaars, F./Voerman, E. (2009). Servant-Leadership Across Cultures. Infinite Ideas Limited.

Zeng, M./Ma, J./Haas, J. W. (2019). Smart Business - Alibabas Strategie-Geheimnis). Campus.

Zirkler, M./Werkmann-Karcher, B./Grolimund, D. (2020). Psychologie der Agilität: Lernwege für Individuen und Teams. Springer.

INTERNETQUELLEN (STAND: DEZEMBER 2021)

8 Traits Of Stellar Managers, Defined By Googlers: in: Business Insider, 16.03.2011, https://www.businessinsider.com/8-traits-of-stellar-managers-defined-by-googlers-2011-3?international=true&r=US&IR=T

Anonymous: ING Deutschland Erfahrungen: 852 Bewertungen von Mitarbeitern | kununu, in: kununu.com, 24.09.2021a, https://www.kununu.com/de/ing-de/kommentare?recommended=no

Agile People: Cross-functional agile teams with innovation skills | AOE: in: Aoe, o. D., https://www.aoe.com/en/people.html

Birkenstock: Birkenstock Group: in: Birkenstock, o. D., https://www.birkenstock-group.com/de/de/marke/birkenstock/

Consulting Branche Deutschland: in: BDU, o. D., https://www.bdu.de/der-bdu/unsere-branche/consultingwirtschaft-deutschland/

Czechowski, Patryk. Agiles Prozessmanagement – Brauchen wir noch Prozesse? IFM Institut für Managementberatung, 11.10.2019, https://ifm-business.de/aktuelles/business-news/agiles-prozess-management-brauchen-wir-noch-prozesse.html

Data.europa.eu: in: data.europa.eu, o. D., https://data.europa.eu/data/datasets/z4aj4cgzm3lz0nytdno7fa?locale=de

DER SPIEGEL: A-802fdbfd-0001-0001-0000-000001050139, in: DER SPIEGEL, Hamburg, Germany, 28.08.2015, https://www.spiegel.de/karriere/statistisches-bundesamt-die-deutschen-arbeiten-im-mer-mehr-a-1050139.html

Deutschlandfunk Nova: Mehr Menschen glauben an Schutzengel als an Gott, in: Deutschlandfunk Nova, o. D., https://www.deutschlandfunknova.de/beitrag/engel-mehr-menschen-glauben-an-schutzengel-als-an-gott

Die Fabrik: in: RWTH-Aachen, o. D., https://hci.rwth-aachen.de/index.php?option=com_attachments&task=download&id=953

Dpa: Covid-19-Pandemie verhagelt Alibaba die Bilanzen, in: INTERNET WORLD Business, 25.05.2020, https://www.internetworld.

de/plattformen/alibaba/covid-19-pandemie-verhagelt-alibaba-bilanzen-2538437.html

ESG Elektroniksystem- und Logistik-GmbH: in: ESG Elektroniksystem- und Logistik-GmbH, o. D., https://esg.de/de/ueber-uns/ueber-uns/leitbild

Fröndhoff, Bert: Consulting: Boom der Unternehmensberater geht ungebrochen weiter, in: Handelsblatt, 14.03.2019, https://www.handelsblatt.com/unternehmen/dienstleister/consulting-boom-der-unternehmensberater-geht-ungebrochen-weiter/24102558.html?ticket=ST-4039565-kj2kG2KKu35sSVWjODLV-cas01.example.org

ING Deutschland als Arbeitgeber: Aktuell nicht empfehlenswert. Gute Strukturen wurden kaputt gemacht. Vielleicht irgendwann wieder besser. | kununu: in: Kununu, 26.07.2019, https://www.kununu.com/de/ing-de/bewertung/3ecfbe60-14d4-42f8-bf95-4eddbe0e91b3

Joost: Interviewing Dan Pink: The Updated Truth About What Motivates Us, in: Corporate Rebels, o. D., https://corporate-rebels.com/dan-pink/

Karrierebibel Blog: Führungsstile Übersicht: 9 Beispiele + Vor- und Nachteile (karrierebibel.de) www.karrierebibel.de/fuehrungsstile/

Konzerlagebericht und Konzernabschluss: in: ING, o. D., https://www.ing.de/binaries/content/assets/pdf/ueber-uns/presse/publikationen/geschaftsbericht-2018-der-ing-holding-deutschland-gmbh.pdf

Stange, Bastian: Selbstorganisation - Wie man sie am besten kaputtmacht und Wege aus der Misere, in: Blog.mid, o. D., https://blog.mid.de/selbstorganisation-wie-man-sie-am-besten-kaputtmacht-und-wege-aus-der-misere

Über Uns: in: ChariTea, 28.09.2021, https://charitea.com/ueber-uns/

What is Company Mission Statement? | Difference Between Mission & Vision: in: Missio-Statement, o. D., https://mission-statement.com

Wirtschaftsnachrichten, Deutsche: Lebensarbeitszeit: Massive Unterschiede in Europa, in: Deutsche Wirtschafts Nachrichten, 16.01.2020, https://deutsche-wirtschafts-nachrichten.de/501134/Lebensarbeitszeit-Massive-Unterschiede-in-Europa

Zweites Deutsches Fernsehen: Amazon macht in der Krise Milliardengewinn, in: Coronavirus-Profiteur: Amazon macht in der Krise Milliardengewinn - ZDFheute, 08.09.2020, https://www.zdf.de/nachrichten/wirtschaft/coronavirus-amazon-profit-102.html